National Competency Standards **NCS**

http://www.ncs.go.kr

피부미용 직무능력표준 학습모듈

기초 두피케어 실습서

김유정 · 김나영 저

구민사

머리말
PREFACE

최근 NCS기반으로 수업의 방향이 전반적으로 발맞춰 나감으로 가장 기초적인 두피케어의 기본이론과 현장실무에 있어 배워야 하는 두피관리 이해와 함께 NCS기반에 맞춘 직무를 수행하고자 하였다.

NCS기반 강의계획서에 따른 주차별 학습내용과 실습계획서, 교과목명세서, 평가 결과서에 이르기까지 체계적으로 정리해 놓았다.

이 책의 출판을 위해 적극적으로 후원해 주신 도서출판 구민사 조규백 대표님과 직원 여러분께 깊은 감사를 드린다.

저자 씀

차례
CONTENTS

기초 **두피케어** 실습서

기초 두피케어 실습서 사용안내

소 개

이 실습서는 대분류 숙박, 여행, 오락 중분류 이·미용 / 소분류 이·미용 서비스 / 세 분류 피부미용의 직무로 피부미용 능력단위인 두피관리 작업을 수행함에 있어 필요한 지식과 기술, 태도에 대한 내용으로 작성되었다. 그리고 두피관리의 능력단위와 능력단위 요소에 없는 내용도 산업체의 요구에 의해 포함되어 있다.

산업체 현장에서 피부미용사의 기본이 되는 두피의 건강도 측정, 두피 유형에 맞는 적절한 제품 적용방법, 도구나 기구를 이용하여 두피 적용할 수 있는 테크닉, 고객의 두피를 위생적으로 관리 과정을 수행하는 실습서로 내용이 구성되어 있다.

구 성

피부미용 두피관리 실습서는 사용안내, NCS기반 강의계획서, 주차별 학습내용과 평가 계획서, 교과목 명세서 등의 운영지침과 직무능력 평가서, 평가 결과서 등의 평가 지침, 학습모듈, 실습서로 구성되어 있다. 사용안내는 전체적인 개요와 구성을 설명하고, 학습자에게 효과적인 활용방법 및 학습방법을 안내하는 역할을 한다. 그리고 강의계획서와 주차별 학습 계획서 등의 운영지침은 평가를 위한 지침서로 활용하고 자가진단평가서는 학습모듈을 학습하기 전에 두피관리 능력에 대한 학습자의 현재 수준을 진단하고, 학습자에게 필요한 학습활동을 안내하는 역할을 한다. 실습서는 워크북 형태로 학기를 마감할 때 학습자의 수행과정을 한 눈에 알 수 있도록 구성했다.

실습서는 두피관리 모듈에서는 직무를 수행할 수 있는 워크북 형태로 구성되어 있고 각각의 학습모듈은 학습목표, 학습내용, 수행내용, 교수·학습방법, 학습정리, 수행평가, 피드백, 참고자료로 구성되어 있다. 학습목표에는 주차별 학습목표와 학습목표에 따른 체크리스트를 통하여 수행정도를 파악하고 달성 목표를 구체적으로 제시하였다.

학습활동은 교수학습방법으로 구성되었으며, 교수·학습방법에는 주요하면서도 기본적인 내용이 제시되어 있다. 마지막으로 학습정리는 학습내용에 대한 중요사항을 정리하였으며, 수행평가에서는 각 학습모듈의 학습을 마친 후 학습자들의 성취수준을 평가하고, 평가결과에 따른 부족한 부분을 피드백 받을 수 있도록 하기 위한 체크리스트가 제시되어 있다.

[교과목 명세서]

교과목 프로파일

교과목명	두피케어	이수 구분	전공선택
시수	2	학년 - 학기	1 - 1
학점	3	이론 / 실습	1 / 2

직무명 및 NCS 능력단위

직무명	능력단위	능력단위코드	학습모듈
피부미용	피부미용특수관리	1201010205_14v2	□유 / ■무
			□유 / ■무
			□유 / ■무

구분	내용
교과목 개요 및 특징	**[교과 개요]** • 피부미용사로서 고객의 미적요구를 충족하기 위한 미용서비스로 고객의 내적·외향적 특징을 파악하고 두피관리실습을 학습한다. 또한 두피유형별 관리에 대한 지식을 습득하고 실습한다. • NCS 능력단위의 수행준거를 기반으로 고객유형분석과 두피관리하기를 고객의 두피유형에 맞는 지식과 기술을 배우고 테크닉을 숙련함 **[교과 특징]** • 본 교과는 미용사(피부) 자격증 취득에 필요한 피부과학내 두피의 이론을 공부하고 현장실무 활용을 위한 교과목으로 고객의 내적·외향적 특징을 반영하여 두피관리실습을 위한 두피관리하기로 고객에게 적합한 현장실무에 필요한 능력을 갖춰 줄 수 있음 • 본 교과는 1:1 상호실습 중심의 교과목이며 두피관리실습을 공부하기 위한 교과목임
교육목표	• 두피관리 실습을 위하여 두피 유형에 따라 스케일링 제품을 선정하여 사용할 수 있다. 또한 두피의 혈액순환을 위하여 두피매뉴얼 테크닉을 할 수 있다.
교육내용	(1) 두피관리하기

장비 및 도구	NCS 능력단위	자체 능력단위
	• 두피관리를 하기 위한 도구	

교수학습방법	a	b	c	d	e	f	g	h
	0	0						

a. 이론강의, b. 실습, c. 발표, d. 토론, e. 팀프로젝트, f. 캡스톤디자인, g. 포트폴리오(학습자/교수자), h. 기타

	능력단위요소(코드)	수행준거		지식·기술·태도
1	두피관리하기 (1201010205_14v2.8)	8.1	두피의 건강도를 측정할 수 있다.	[지 식] • 인체해부생리에 관한 지식 • 두피에 관한 지식 • 두피화장품 종류 및 성분 • 위생과 소독방법 [기 술] • 두피상태 분석 능력 • 제품적용 및 테크닉 능력 • 도구 및 기구 사용 능력 [태 도] • 고객을 안정되고 편안하게 배려하려는 의지 • 고객의 표정을 살피고 세기를 조절하려는 의지
		8.2	두피 유형에 맞는 적절한 제품을 적용하여 관리할 수 있다.	
		8.3	도구나 기구를 이용하여 두피에 테크닉 할 수 있다.	
		8.4	고객의 두피를 위생적으로 관리할 수 있다.	

평가항목	평가내용 및 방법
진단평가 1	평가내용 : 두피케어 실습 중 두피케어 업무를 수행하는데 요구되는 자신의 능력 수준을 스스로 알아 볼 수 있는 체크리스트
	평가시기 : 2주차
	영역별 평가내용 :

영역 (능력단위요소)	진단문항	자가진단		
		높은	보통	낮음
두피관리하기	8.1. 두피의 건강도를 측정할 수 있다.			
두피관리하기	8.2. 두피 유형에 맞는 적절한 제품을 적용하여 관리할 수 있다.			
두피관리하기	8.3. 도구나 기구를 이용하여 두피에 테크닉 할 수 있다.			
두피관리하기	8.4. 고객의 두피를 위생적으로 관리할 수 있다.			

- **평가방법** : 자가진단 체크리스트
- **평가시 고려사항** : 학습자가 수업전에 하는 평가로 직무를 수행하기 위하여 수행준거를 얼마나 인지하고 있는지를 파악한다.
- **평가 결과 활용 계획** : 두피케어의 수행준거에 있는 내용과 관련 지식
- **진단 결과**

능력단위요소	문항 수	합계 점수	평균 점수
두피관리하기	4		

※ 우수는 3점, 보통은 2점, 미흡은 1점으로 계산

진단방법에 따라 자신의 수준을 진단한 결과, 자신의 점수를 문항 수로 나눈 값이 '1점' 이하에 해당하는 영역은 업무를 성공적으로 수행하는데 요구하는 능력이 부족한 것으로 교육훈련이나 개인학습을 통한 개발이 필요함

[2016학년도 1학기]

NCS기반

강의계획서

직무	능력단위	능력단위코드
02. 피부미용	피부미용 특수관리	1201010205_14v2

교과목명	두피케어			이수구분	전선	담당교수	
대상학과	1	학년-학기	1-1	학점	2	시수(이론/실습)	3(1/2)

구분	내용
교과목 개 요	피부미용사로서 고객의 미적요구를 충족하기 위한 미용서비스로 고객의 내적 외향적 특징을 파악하고 두피관리실습을 학습한다. 또한 두피유형별 관리에 대한 지식을 습득하고 실습한다. NCS 능력단위의 수행준거를 기반으로 고객유형분석과 두피관리하기를 고객의 두피유형에 맞는 지식과 기술을 배우고 테크닉을 숙련함
교 육 목 표	얼굴 및 전신의 피부를 아름답고 건강하게 유지 · 보호하기 위하여 기본적 관리 이외 제모하기, 림프관리하기, 눈썹관리하기, 아로마관리하기, 스톤테라피하기, 뱀부(대나무)테라피하기, 한국형 특수관리하기, 두피관리하기 등 새로운 트렌드 기술을 수행하는 능력이다. 두피관리 실습을 위하여 두피 유형에 따라 스케일림 제품을 선정하여 사용할 수 있다. 또한 두피의 혈액순환을 위하여 두피매뉴얼 테크닉을 할 수 있다.

교수 · 학습 방법

a	b	c	d	e	f	g	h
0	0						

a. 이론강의 b. 실습 c. 발표 d. 토론 e. 팀프로젝트 f. 캡스톤디자인 g. 포트폴리오(학습자/교수자) h. 기타

구분	내용
기자재 및 매체	프로젝트빔, 전자교탁, 베드, 두피관리에 필요한 물품

교 재 (NCS 학습모듈)		
	주교재	두피모발관리학
	부교재	
	참고 교재	

평가방법

a	b	c	d	e	f	g	h	i	j	k	l	m
0						0						0

a. 포트폴리오 b. 문제해결시나리오 c. 서술형시험 d. 논술형시험
e. 사례연구 f. 평가자 질문 g. 평가자 체크리스트 h. 피평가자 체크리스트
i. 일지/저널 j. 역할연기 k. 구두발표 l. 작업장평가 m. 기타
※ 세부내용은 평가계획서에 기술됨

구분	내용
성적분포	시험 난이도를 적정수준으로 조합하여 평가 직무능력평가 1차 30점, 직무능력평가 2차 30점, 포트폴리오 20점, 출석 20점
기타사항	[장애학생 지원방법] [기타사항]

관련 능력단위요소	수행준거	지식 · 기술 · 태도
두피관리하기 (1201010205_14v2.08)	8.1. 두피의 건강도를 측정할 수 있다. 8.2. 두피 유형에 맞는 적절한 제품을 적용하여 관리할 수 있다. 8.3. 도구나 기구를 이용하여 두피에 테크닉 할 수 있다. 8.4. 고객의 두피를 위생적으로 관리할 수 있다.	[지식] • 두피에 관한 지식 • 두피화장품 종류 및 성분 • 위생과 소독방법 • 인체해부생리에 관한 지식 [기술] • 도구 및 기구 사용 능력 • 두피상태 분석 능력 • 제품적용 및 테크닉 능력 [태도] • 고객을 안정되고 편안하게 배려하려는 의지 • 고객의 표정을 살피고 세기를 조절하려는 의지

주차별 학습 내용

(1)주차 학습내용	
수업내용	오리엔테이션

(2)주차 학습내용	
수업내용	진단평가

(3)주차 학습내용	
관련 능력단위요소(코드)	수행준거
두피관리하기 (1201010205_08.14v2)	8.1. 두피의 건강도를 측정할 수 있다. 8.2. 두피 유형에 맞는 적절한 제품을 적용하여 관리할 수 있다.
수업내용	1. 다양한 두피상태를 파악하여 두피 건강도를 알 수 있다.
수업활동	강의(이론 및 실습)
수업 방법/기자재 및 매체	빔프로젝트

(4)주차 학습내용	
관련 능력단위요소(코드)	수행준거
두피관리하기 (1201010205_08.14v2)	8.1. 두피의 건강도를 측정할 수 있다.
수업내용	1. 다양한 두피상태를 파악하여 두피 건강도를 알 수 있다. 2. 두피 유형(건성, 지성, 민감성) 구별할 수 있다.
수업활동	강의(이론 및 실습)
수업 방법/기자재 및 매체	빔프로젝트

(5)주차 학습내용	
관련 능력단위요소(코드)	수행준거
두피관리하기 (1201010205_08.14v2)	8.2. 두피 유형에 맞는 적절한 제품을 적용하여 관리할 수 있다.
	8.3. 도구나 기구를 이용하여 두피에 테크닉 할 수 있다.
수업내용	1. 건성두피에 사용되는 제품을 알 수 있다. 2. 지성두피에 사용되는 제품을 알 수 있다.
수업활동	강의(이론 및 실습)
수업 방법/기자재 및 매체	빔 프로젝트, 스틱봉

(6)주차 학습내용	
관련 능력단위요소(코드)	수행준거
두피관리하기 (1201010205_08.14v2)	8.2. 두피 유형에 맞는 적절한 제품을 적용하여 관리할 수 있다.
	8.3. 도구나 기구를 이용하여 두피에 테크닉 할 수 있다.
수업내용	1. 건성두피에 사용되는 제품을 알 수 있다. 2. 지성두피에 사용되는 제품을 알 수 있다.
수업활동	강의(이론 및 실습)
수업 방법/기자재 및 매체	빔 프로젝트, 스틱봉

(7)주차 학습내용	
관련 능력단위요소(코드)	수행준거
두피관리하기 (1201010205_08.14v2)	8.2. 두피 유형에 맞는 적절한 제품을 적용하여 관리할 수 있다.
	8.3. 도구나 기구를 이용하여 두피에 테크닉 할 수 있다.
수업내용	1. 건성두피에 사용되는 제품을 알 수 있다. 2. 지성두피에 사용되는 제품을 알 수 있다.
수업활동	강의(이론 및 실습)
수업 방법/기자재 및 매체	빔 프로젝트, 스틱봉

(8)주차 학습내용	
관련 능력단위요소(코드)	수행준거
수업내용	직무수행능력평가

(9)주차 학습내용	
관련 능력단위요소(코드)	수행준거
수업내용	피드백

(10)주차 학습내용	
관련 능력단위요소(코드)	수행준거
두피관리하기 (1201010205_08.14v2)	8.3. 도구나 기구를 이용하여 두피에 테크닉 할 수 있다.
	8.4. 고객의 두피를 위생적으로 관리할 수 있다.
수업내용	1. 탈모 종류에 대해 알 수 있다. 2. 탈모관리 방법을 알 수 있다.
수업활동	강의(이론 및 실습)
수업 방법/기자재 및 매체	베드, 스틱봉, 두피빗

(11)주차 학습내용	
관련 능력단위요소(코드)	수행준거
두피관리하기 (1201010205_08.14v2)	8.3. 도구나 기구를 이용하여 두피에 테크닉 할 수 있다.
	8.4. 고객의 두피를 위생적으로 관리할 수 있다.
수업내용	1. 탈모 종류에 대해 알 수 있다. 2. 탈모관리 방법을 알 수 있다.
수업활동	강의(이론 및 실습)
수업 방법/기자재 및 매체	베드, 스틱봉, 두피빗

(12)주차 학습내용	
관련 능력단위요소(코드)	수행준거
수업내용	직무수행능력평가 2차

(13)주차 학습내용	
관련 능력단위요소(코드)	**수행준거**
두피관리하기 (1201010205_08.14v2)	8.1. 두피의 건강도를 측정할 수 있다. 8.2. 두피 유형에 맞는 적절한 제품을 적용하여 관리할 수 있다. 8.3. 도구나 기구를 이용하여 두피에 테크닉 할 수 있다. 8.4. 고객의 두피를 위생적으로 관리할 수 있다.
수업내용	1. 두피지압테크닉을 습득할 수 있다. 2. 두피 혈점을 습득할 수 있다.
수업활동	강의(이론 및 실습)
수업 방법/기자재 및 매체	베드, 의자
(14)주차 학습내용	
관련 능력단위요소(코드)	**수행준거**
두피관리하기 (1201010205_08.14v2)	8.1. 두피의 건강도를 측정할 수 있다. 8.2. 두피 유형에 맞는 적절한 제품을 적용하여 관리할 수 있다. 8.3. 도구나 기구를 이용하여 두피에 테크닉 할 수 있다. 8.4. 고객의 두피를 위생적으로 관리할 수 있다.
수업내용	1. 두피 유형을 확인할 수 있다. 2. 두피 유형에 알맞은 제품을 선택할 수 있다. 3. 두피지압테크닉을 습득할 수 있다.
수업활동	강의(이론 및 실습)
수업 방법/기자재 및 매체	베드, 의자
(15)주차 학습내용	
수업내용	향상심화 - 보강
수업활동	직무수행능력평가
(16)주차 학습내용	
수업내용	직무수행능력평가 3차 - 포트폴리오-

※ **비정규과정** : 심화 평가/향상 평가(재평가) 및 외부산업체 인사(현장전문가)특강

실험 · 실습 계획서

담당교수 :　　(인)

교 과 목 명	두피케어	이 수 구 분	전선	학　　점	2
대 상 학 과	피부미용전공	대 상 학 년	1	시　　수 (이론/실습시간)	3 (1 / 2)

주	실험 · 실습 내용	사용기자재 및 물품	소모품 및 수량
1			
2			
3	두피상태파악		
4	두피상태파악, 두피 건강도 책정	빔프로젝트	
5	건성, 민감성, 지성 두피제품	스틱봉	
6	건성, 민감성, 지성 두피제품	스틱봉	
7	건성, 민감성, 지성 두피제품	스틱봉	

주	실험 · 실습 내용	사용기자재 및 물품	소모품 및 수량
8	직무수행능력평가 1차		
9	피드백		
10	탈모유형파악	탈모빗, 스틱봉	
11	탈모유형파악	탈모빗, 스틱봉	
12	직무수행능력평가 2차		
13	두피 관리 테크닉	베드, 의자	
14	두피 관리 테크닉	베드, 의자, 스틱봉, 두피빗	
15	직무능력평가3차 포트폴리오		
16	향상/심화학습		

평가 계획서

<table>
<tr><td>교과목명</td><td>두피케어</td><td>담당교수</td><td colspan="2"></td></tr>
<tr><td>관련직무명</td><td>02. 피부미용</td><td>능력단위명
(능력단위코드)</td><td colspan="2">피부미용 특수관리
(1201010205_14v2)</td></tr>
<tr><td rowspan="6">평가개요</td><td>구 분</td><td>배 점</td><td colspan="2">평가개요</td></tr>
<tr><td>진단평가 1</td><td>–</td><td colspan="2">학습자가 현재 업무를 수행하는데 알고 있는 수준을 파악하기 위해 수업시작 전에 평가 전공능력선행 수준 파악</td></tr>
<tr><td>직무수행능력평가 1</td><td>30%</td><td colspan="2">학습자가 두피케어 유형파악 및 제품 선택에 대해 알고 있는 수준을 파악하기 위해 평가</td></tr>
<tr><td>직무수행능력평가 2</td><td>30%</td><td colspan="2">두피케어 테크닉관리, 위생관리의 수준을 파악하기 위해 평가</td></tr>
<tr><td>직무수행능력평가 3</td><td>20%</td><td colspan="2">전반적인 두피 케어 지식 습득</td></tr>
<tr><td>출석평가</td><td>20%</td><td colspan="2">학습자의 수업성실도 파악</td></tr>
<tr><td>평가항목</td><td colspan="4">평가내용 및 방법</td></tr>
<tr><td>진단평가 1</td><td colspan="4">
• 평가내용 : 두피케어 실습 중 두피케어 업무를 수행하는데 요구되는 자신의 능력 수준을 스스로 알아 볼 수 있는 체크리스트
• 평가시기 : 2주차
• 영역별 평가내용
<table>
<tr><th rowspan="2">영역
(능력단위
요소)</th><th rowspan="2">진단문항</th><th colspan="3">자가진단</th></tr>
<tr><th>높음</th><th>보통</th><th>낮음</th></tr>
<tr><td>두피관리하기</td><td>8.1. 두피의 건강도를 측정할 수 있다.</td><td></td><td></td><td></td></tr>
<tr><td>두피관리하기</td><td>8.2. 두피 유형에 맞는 적절한 제품을 적용하여 관리할 수 있다.</td><td></td><td></td><td></td></tr>
<tr><td>두피관리하기</td><td>8.3. 도구나 기구를 이용하여 두피에 테크닉 할 수 있다.</td><td></td><td></td><td></td></tr>
<tr><td>두피관리하기</td><td>8.4. 고객의 두피를 위생적으로 관리할 수 있다.</td><td></td><td></td><td></td></tr>
</table>
</td></tr>
</table>

<table>
<tr><th>평가항목</th><th>평가내용 및 방법</th></tr>
<tr><td></td><td>• 평가내용 : 자가진단 체크리스트
• 평가시 고려사항 : 학습자가 수업자에 하는 평가로 직무를 수행하기 위하여 수행준거를 얼마나 인지하고 있는지를 파악한다.
• 평가 결과 활용 계획 : 두피케어의 수행준거에 있는 내용과 관련 지식</td></tr>
<tr><td>출석평가</td><td>결석 3번 이상 FA</td></tr>
<tr><td>직무능력평가 1</td><td>• 평가내용 : 1. 두피 유형을 알 수 있는지 평가
2. 알맞은 두피 제품 선택 할 수 있는지 평가
• 평가시기 : 8주차
• 영역별 평가내용
<table>
<tr><th colspan="3">능력단위요소 및 수행준거</th></tr>
<tr><td colspan="2">두피관리하기</td><td>30</td></tr>
<tr><td rowspan="2">수행준거</td><td>8.1. 두피의 건강도를 측정할 수 있다.</td><td></td></tr>
<tr><td>8.2. 두피 유형에 맞는 적절한 제품을 적용하여 관리할 수 있다.</td><td></td></tr>
<tr><th colspan="2">계</th><th>30</th></tr>
</table>
<table>
<tr><th colspan="2">지식/기술/태도(K/S/A/T)</th><th>배점</th></tr>
<tr><td colspan="2"></td><td></td></tr>
<tr><td></td><td></td><td></td></tr>
<tr><td colspan="2"></td><td></td></tr>
</table>
• 평가방법 : 기타</td></tr>
<tr><td>직무능력평가 2</td><td>• 평가내용 : 1. 두피 케어 테크닉을 시술 능력
2. 위생관리 수준 능력
• 평가시기 : 12주차
• 영역별 평가내용
<table>
<tr><th colspan="3">능력단위요소 및 수행준거</th></tr>
<tr><td colspan="2">두피관리하기</td><td>30</td></tr>
<tr><td rowspan="2">수행준거</td><td>8.3. 도구나 기구를 이용하여 두피에 테크닉 할 수 있다.</td><td></td></tr>
<tr><td>8.4. 고객의 두피를 위생적으로 관리할 수 있다.</td><td></td></tr>
<tr><th colspan="2">계</th><th>30</th></tr>
</table></td></tr>
</table>

<table>
<tr><th>평가항목</th><th>평가내용 및 방법</th></tr>
<tr><td>직무능력평가
2</td><td>

지식/기술/태도(K/S/A/T)		배점

• **평가방법** : 기타
• **평가시 고려사항** : 제한시간

</td></tr>
<tr><td>직무능력평가
3</td><td>

• **평가내용** : 1. 두피유형을 파악하여 관리 방법을 이해하는 능력
• **평가시기** : 15주차
• **영역별 평가내용**

능력단위요소 및 수행준거		
두피관리하기		20
수행준거	8.1. 두피의 건강도를 측정할 수 있다.	
	8.2. 두피 유형에 맞는 적절한 제품을 적용하여 관리할 수 있다.	
계		**20**

지식/기술/태도(K/S/A/T)	배점
평가방법 : 포트폴리오 평가시 고려사항 : 유형별 구분	

</td></tr>
<tr><td>향상/심화계획</td><td>두피케어 업무를 수행할 수 있도록 부족한 부분을 파악하여 관련 지식을 공유한다.</td></tr>
</table>

적용범위 및 작업상황시 고려사항

- 두피의 유형과 상태를 잘 파악하고 구별하는지, 두피유형에 맞는 제품을 선택하여 적용하는지, 금기사항을 숙지하고 적용하는지 등의 수행 시 고려사항에 대해 이해할 수 있도록 반복 학습을 통해 숙지한다.

- 두피유형에 맞는 적절한 제품을 적용하여 위생적으로 관리하는 올바른 방법과 순서를 이해하고 숙련되게 사용할 수 있도록 반복적으로 연습한다.

- 도구나 기구를 이용하여 테크닉하는 방법들을 이해하고 숙련되게 사용할 수 있도록 반복적으로 연습한다.

- 고객의 두피를 위생적으로 관리해야 하는 이유에 대해 이해하고 숙련도 있게 수행할 수 있도록 반복 연습한다.

- 고객의 표정을 살피며 안정감 있게 관리 받을 수 있도록 배려하는 방법을 시연을 통해 지도한다.

기초 **두피케어** 실습서

두피케어하기

❶ 학습모듈 목표

피부미용사로서 고객의 미적요구를 충족하기 위한 미용서비스로 고객의 내적 외향적 특징을 파악하고 두피관리실습을 학습한다.
또한 두피유형별 관리에 대한 지식을 습득하고 실습한다.

❷ 선수학습

모발과학, 두피케어 자료 검색 및 컴퓨터 활용 능력

❸ 이수 시간

<table>
<tr><th>학습</th><th>학습내용</th><th>이수시간</th></tr>
<tr><td rowspan="4">두피관리하기
(1201010205_14v2.8)</td><td>8.1. 두피의 건강도를 측정할 수 있다.</td><td rowspan="4">45</td></tr>
<tr><td>8.2. 두피 유형에 맞는 적절한 제품을 적용하여 관리할 수 있다.</td></tr>
<tr><td>8.3. 도구나 기구를 이용하여 두피에 테크닉 할 수 있다.</td></tr>
<tr><td>8.4. 고객의 두피를 위생적으로 관리 할 수 있다.</td></tr>
</table>

CHAPTER

01 두피관리이론

❶ 두피관리의 정의

두피관리란 두피에 쌓여 있는 노폐물을 제거하여 두피를 청결하게 하고 두피에 필요한 영양분을 공급하여 두피의 신진대사와 산소공급이 원활히 이루어지도록 함으로써 두피에 염증, 지루성, 비듬성 두피 등의 문제성 두피를 예방 및 개선하고 건강하고 윤기 있는 모발이 성장할 수 있도록 두피를 관리하는 것이다.

두피에 쌓여있는 노폐물은 모발의 성장을 저해하고 장기간 쌓여 있어 두피가 불결할 경우 세균감염과 산소공급부족으로 탈모현상까지 유발할 수 있으므로 두피관리에 세심한 관심이 필요하다.

❷ 두피의 구조

두피는 방수성 및 탄력성이 있는 단단한 외피와 그 아래 외피를 지지하는 진피, 피하조직으로 구성되어 있으며, 외피는 집합적으로 표피라고 불린다. 두피의 구조는 일반적인 피부의 구조와 같이 해석하면 된다.

3 두피 손상의 원인

1) 내적 원인

스트레스, 영양 결핍, 호르몬 분비 이상 등

2) 외적 원인 : 물리적 원인

과도한 빗질, 잘못된 샴푸, 블로우 드라이를 이용한 급속 건조 등

3) 외적 원인 : 화학적 처리에 의한 원인 두피유형을 고려하지 않은 샴푸제 선택, 잦은 파마 · 염색 · 탈색 시술

4 두피관리 접근 방법

모발이 성장하는 데는 두피청결과 영양공급이라는 조건이 필수적이다. 건강한 혈관을 통해 영양을 공급하는 것은 자율신경이 관리하지만 매뉴얼테크닉 등을 통하여 혈액순환이 원활하게 될 수 있도록 기반을 마련해주고, 청결하고 건강한 두피유지와 육모제 등을 두피에 도포하여 영양을 공급하는 것은 두피관리의 중요한 방법이다.

1) 물리적 방법

두피 마사지나 헤어 스티머, 아쿠아 펀치, 적외선, 고주파, 아로마 산소 테라피, 탄소 광선기, 소프트바이오빔 등의 두피관리기기를 이용하여 두피에 물리적 자극을 주어 혈액순환과 영양공급이 원활하게 이루어지도록 관리하는 방법

2) 화학적 방법

양모제나 육모제 등을 두피에 도포하여 기능이 떨어진 자율신경과 모세혈관을 대신하여 모낭세포에 영양을 공급하는 방법

⑤ 두피관리의 효과

1) 노화된 각질이나 피지 산화물을 제거하고 방지한다.

2) 두피 자극으로 혈액 순환을 원활히 하여 모발에 영양을 주고 모발 성장을 촉진한다.

3) 두피를 청결히 하여 정상적인 각화 작용을 돕는다.

4) 두피에 유분 및 수분 공급하여 건강한 두피를 유지한다.

⑥ 두피관리 과정

1) 고객 상담 차트 작성

고객의 생활습관, 관리 경험 유무, 두피와 모발 상태, 약물장기복용여부, 직업, 샴푸습관 등 개인에게 최적화된 프로그램을 통하여 두피관리에 필요한 정보를 수집한다.

2) 1차 상담(consulting)

고객 상담 차트에 작성된 내용을 확인하며 고객과의 대화를 통하여 심리적 혹은 육체적인 문제점과 두피의 문제점과 원인을 규명하고 관리방법 및 홈케어 방법을 제시하는 단계로 많은 경험과 전문지식이 필요하다.

3) 두피진단(diagnosis)과 처방

시술을 하기 전 첫 번째 단계로 80배, 300배 고배율 렌즈를 이용하여 고객의 두피상태 및 탈모 진행정도와 모밀도 등을 상세히 분석하는 과정으로 두피관리사가 해야 될 가장 중요하고도 어려운 과제이며, 두피나 모발을 보고 그 증상을 명료하게 파악하고 진단하기 위해서는 풍부한 임상경험을 필요로 한다. 두피상태나 모발 분석을 하여 제품을 적합하게 사용하고, 그에 따른 시술로 이루어진다.

이는 의사가 환자의 병명을 정확히 진단하여, 거기에 따른 정확한 처방을 내리는 것과 같은 것이므로 두피 모발 관리의 시작은 두피를 정확히 분석하는데서 비롯된다. 두피 분석을 위한 도구로는 확대경과(20배), 뷰티스코프(1:1배율, 30배, 80배, 300배, 800배)가 있으며 이러한 뷰티스코프로는 모니터를 통해 고객도 자신의 두피 상태를 직접 볼 수 있으므로 상담을 하는데 있어 고객과 함께 문제점을 인식하고 해결하는데 공감대를 형성하고 두피관리의 필요성을 스스로 느끼게 할 수 있다. 두피 상태는 정상 두피, 건성 두피, 지성 두피, 비듬성 두피, 예민 두피 크게 5가지로 분류되며 모발손상도 함께 체크해 볼 필요가 있다.

(1) 손을 청결하게 한 후 고객의 두피를 살펴 볼 수 있도록 양해를 구한다.

(2) Spatula로 모발을 얇게 섹션을 떠가며 뷰티스코프(Scope)로 비듬과 각질, 염증 등 전체적으로 두피 상태를 파악한다.

(3) 문제가 있는 부위는 Spatula로 긁어(건성인 경우는 각질이 바로 일어난다.) 보여 주면서 건강한 부분은 어떤지를 설명해준다.

(4) 가장 문제 부위를 보여주며 설명하고, 어떻게 관리하는가, 손님의 경우 어떠한 태이며, 어떻게 하는 것이 좋다, 어떠한 것을 가미하면 효과가 더 좋다는 것을 설명해준다.

(5) 문제점을 해결하기 위한 일반적인 주의 사항과 방법을 알려주고, 관리 후의 재발 가능성에 대하여 설명해준다.

(6) 가정에서의 관리 중요성, 정기적인 두피 스켈링의 필요성을 설명하고, Chart에 기재되어 있는 사항을 물어보며, 원인을 다각도로 알아보도록 한다.

(7) 관리시간, 횟수, 기간을 설명해준다.(기간이 어느 정도 걸리는 이유를 모발의 사이클과 관련지어 설명해준다.)

7 두피기기 관리

1) 두피기기 관리 전 진단과정

측정방법을 이용하여 고객의 두피 및 모발 상태를 파악하고 문제를 발견하는 단계

① 개인적인 질문이 많을 수 있으므로 1:1로 조용한 상담이 이루어지도록 한다.

② 생활 습관, 식사, 건강 상태, 심리 상태 등을 질문하여 고객 카드를 작성하여 문제점의 원인을 알아낸다.

③ 진단기를 이용하여 두피와 모발의 상태를 진단하고 고객에게 확인, 시술 사항을 제안하고 시술한다.

2) 관리 전 주의사항

종류	특징
과거 두피·모발 문제점	• 과거의 문제점에 대한 원인과 치료 사항을 구체적으로 확인
병력	• 질병여부, 과거와 현재 건강 상태 확인(경우에 따라서는 관리를 유보할 수도 있다.)
의약품	• 항생제, 수면제, 진통제 등과 같은 약물의 장기 복용여부 및 호르몬에 영향을 주는 피임약 등의 복용여부를 확인
기호 식품	• 카페인이 함유된 음식물의 섭취와 흡연여부 파악(자극적인 음식에 대한 빈도 체크)
음식 습관	• 일상적인 식생활 파악
생리주기와 상태	• 생리 무렵 피부 상태나 신경이 예민해진다. • 기혼자의 경우 출산 여부 확인
다이어트 여부	• 다이어트 시 단백질 부족으로 모낭의 영양결핍 현상이 나타날 수 있으며 모발이 가늘어지고 탈모가 진행되기도 한다.
운동량	• 혈액순환, 신진대사, 근육에 영향을 준다.
자외선 노출 시 예민정도	• 햇빛 노출 시 이상 현상 여부 확인
냉·난방 노출정도	• 각질층 수분 함유량과 연관성 있다. • 각질층 탈수, 건조, 예민, 노화현상 여부 확인
알레르기	• 특정 성분에 알레르기 여부 확인 • 관리 시 부작용 미리 예방

3) 미용실 및 두피 관리 전문점 프로그램

순서	단계	적용기기	내용
1	두피 진단	진단기	고객 상담과 두피진단
2	소독 및 혈행 개선	뷰티콤	노화된 피지와 각질배출 및 마사지로 혈행 촉진
3	마사지	진동기	경혈과 지압점 중심으로 두피 마사지
4	스티머	헤어스티머	180~190도의 고온에서 스팀 발생
5	저주파 마사지	저주파기	통상 10kHz 이하의 저주파로 구성
6	스켈링	초음파 스크럽	각질과 피지 제거
7	1차 세정	스캘프 펀치	두피 잔여물 제거 및 혈행 촉진
8	두피팩		진정과 소염 효과 및 유·수분 밸런스
9	2차 세척		혈액 순환 촉진 및 영양공급
10	토너 도포	적외선기	모낭에 영양 공급
11	두피 촬영		시술 전·후 사진의 저장
12	사후관리		홈케어

4) 병원내 두피 관리 실태

관리법	내용
메조테라피	모근 활성 물질 주입
약물요법	전문의약품/일반의약품
MTS요법	영양액 주입, 피부 자가 재생력 촉진
레이저 치료	피부재생 효과
이온영동기	혈액순환 개선, 염증완화, 마사지 효과
고주파 기기	염증 완화, 모상건막 탄력 회복
광선 치료	염증 완화, 혈류 개선

5) 두피관리기기의 종류

모발지도 작성방법

분류	종류	효과
진단용 기기류	• 확대경 • 두피모발진단기 • 현미경 • 유수분측정기	• 상담결과의 보조적 역할 • 두피 및 모발의 현 상태 및 문제 발생 원인 파악 • 임상데이터 및 고객 신뢰 부분 • 관리 프로그램의 결정 • 고개의 지속적인 관리 • 홈케어 지도
근육이완용 기기류	• 중주파기 • 진공흡입기 • 고주파기 • 두피바이브레이터	• 근육 이완 효과 • 혈액 순환 개선의 효과 • 독소 및 노폐물 배출의 기능 • 영양 및 세정 관리 효과의 상승효과 • 고객의 긴장감 완화 효과
세정용 기기류	• 스팀기 • 두피세정기 • 자동샴푸기 • 두피순환기 • 두피온욕기	• 모공 주면 및 두피·모발의 이물질 제거 • 두피 혈액 순환 개선 효과 • 두피 및 모발 수분 공급 효과 • 독소 배출의 기능
영양침투 및 재생 기기류	• 적외선기 • 고주파기 • 이온투입기 • 광선기 • 레이저	• 혈액 순환 개선 효과 • 살균·소독의 기능 • 제품의 경기 흡수 촉진 효과 • 두피 조직 강화 • 두피 노화 방지 효과 • 세포 자극 효과 • 세포 재생 • 경피 흡수 촉진

두피유형

HD-PRO

₩2,530,000

CC-205

₩3,000,000

멀티캡 1000

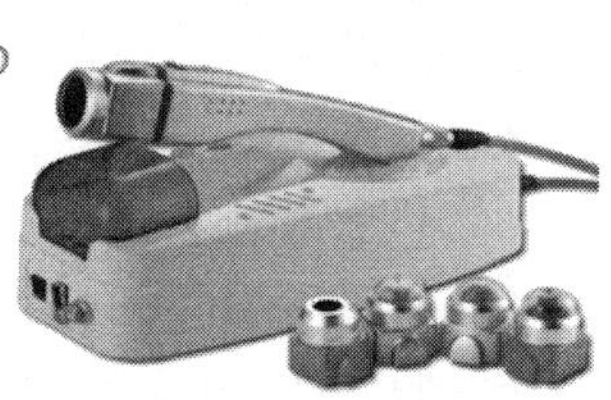

₩350,000

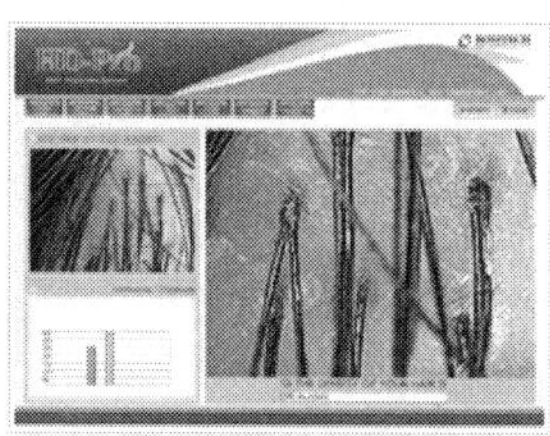

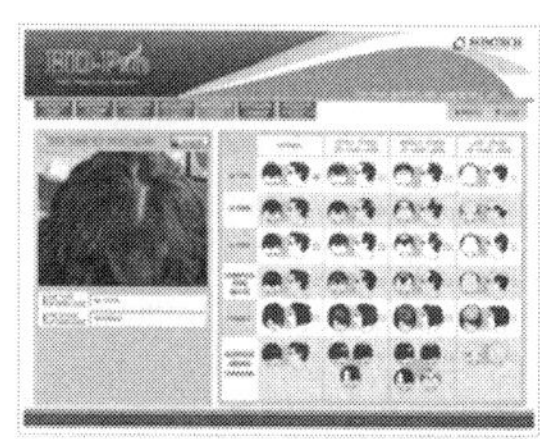

◈ **두피진단기 HD_PRO**

- 정확한 진단
  - ⇒ 디지털 스코프로 선명한 확대 영상을 통한 정확한 진단
  - ⇒ 과학적인 진단으로 모발 및 두피의 분석
- 자동 헤어 진단
  - ⇒ 분석 사진 및 그래프, 데이터를 통한 분석결과

◈ **두피/모발/피부 진단기(Multi-Cam BT2000)**

⇒ 선명하고 생동감 있는 영상 구현

⇒ 피부와 두피 및 모발, 모세혈관 등의 관찰에 모두 적합

⇒ 기존의 SD-PRO와 HD-PRO 모두에 적용 가능

⇒ X80 X250 렌즈(x1 렌즈 옵션)

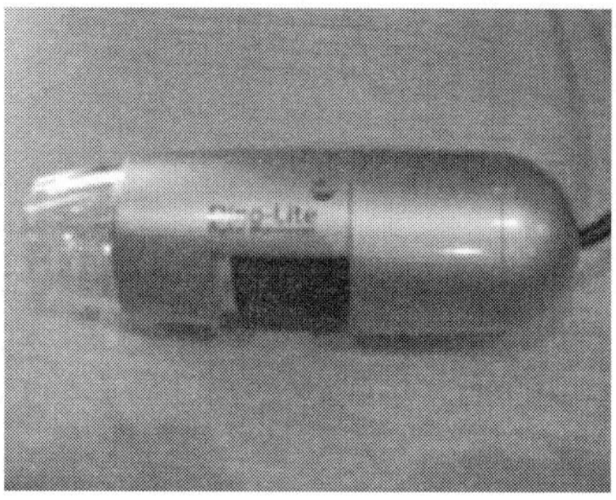
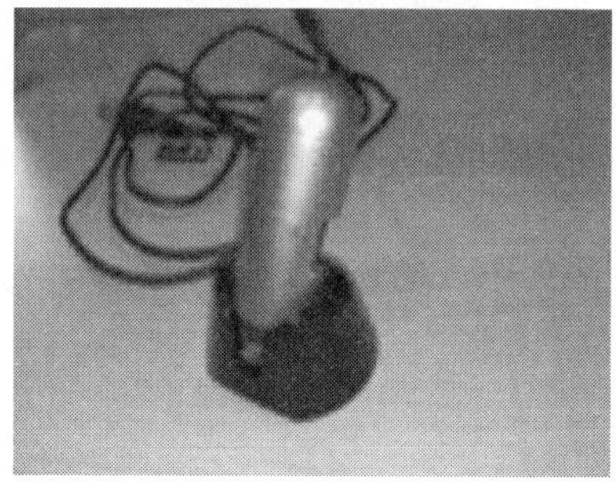

두피 모발 측정기기

◈ **Dino-Lite AM313(대만, DIGITAL MICROSCOPE)**

⇒ size 120*33*33mm*100g의 부피가 작고 가벼움

⇒ 내장 LED·8 LIGHT 구성으로 해상도가 뛰어나며, 피부측정 사용

⇒ 렌즈의 교체 없이 줌 형식으로 10배~200배까지 확대

⇒ 동영상, 이메일 송부, 실제 치수, 각도, 원주, 면적, 텍스트 측정

⇒ 화상 영상분석 기법을 이용한 모발 분석 방법이 용이함

[측정방법]

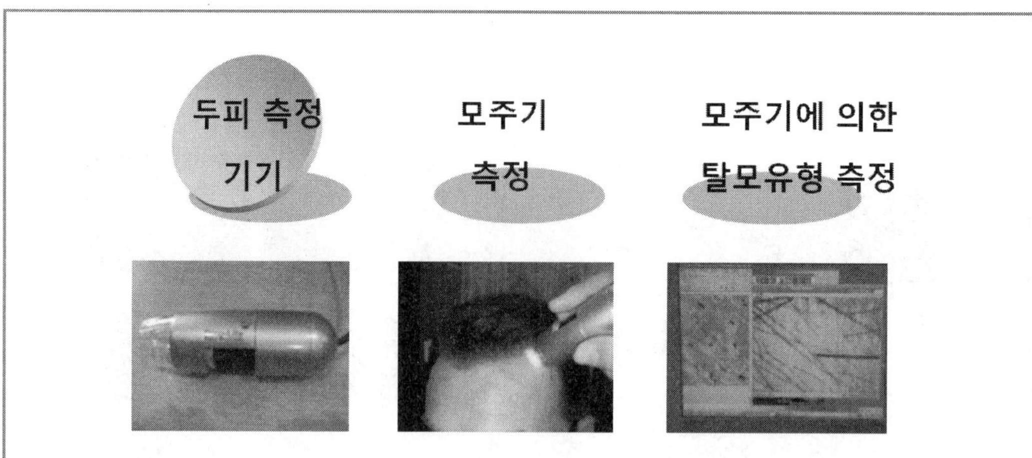

모발지도작성방법

좌표 설정재료 | 좌표 설정 | 모발 지도

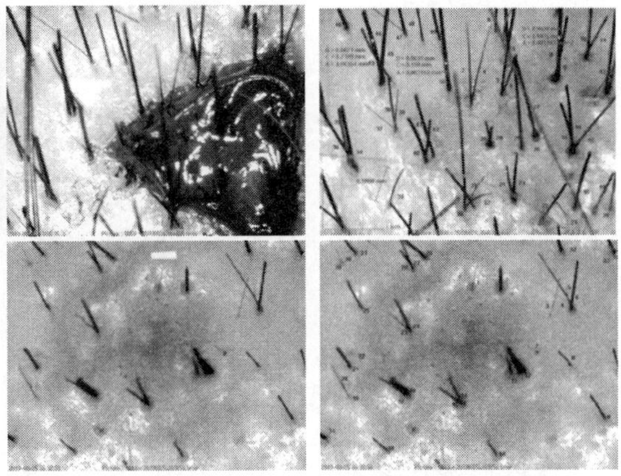

점, 기미

문신

모주기 측정방법

고객성명 : 홍길동				
	0주	5주	10주	
성장기 모발 수				
휴지기 모발 수				
탈락 모 수				
신생 모 수				

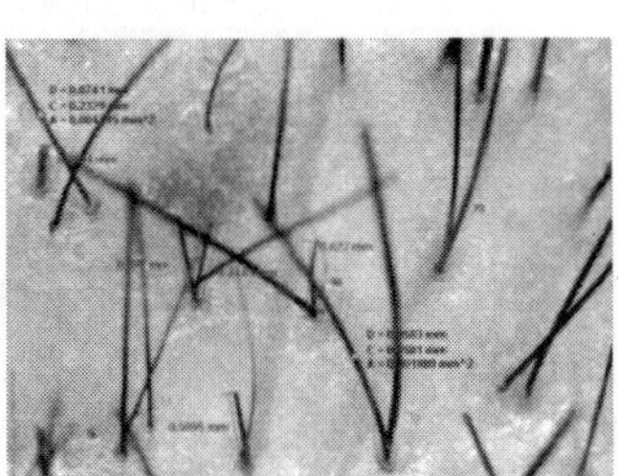

0주(5일 후)

→

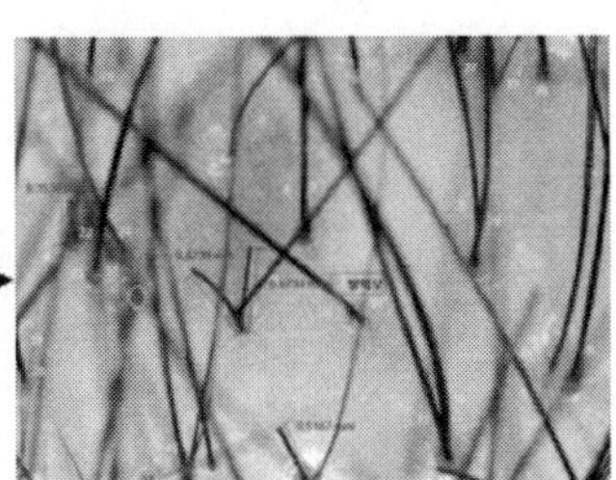

5주

→

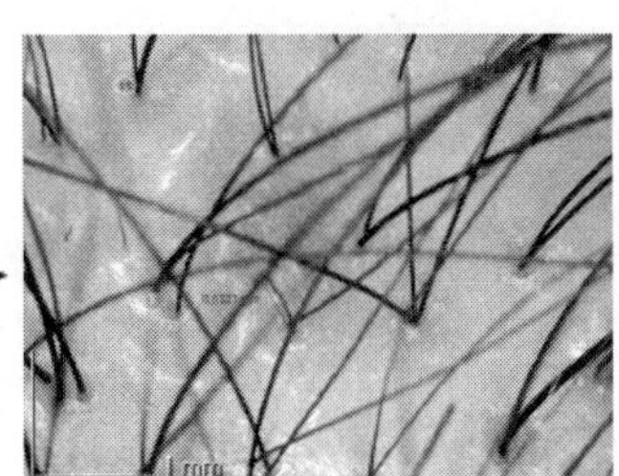

10주

두피유형분류 측정결과

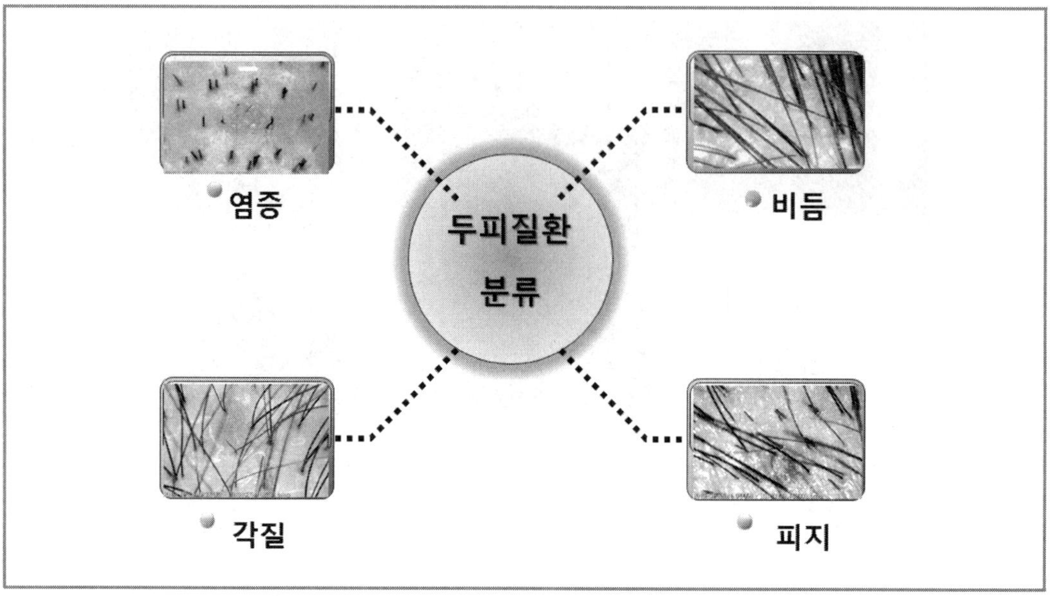

CHAPTER

02 두피유형

1 정상 두피

① **두피 특징** : 청백색을 띠며 맑고 투명하다. 두피에 묵은 각질이나 이물질이 전혀 없는 상태이고 한 모공에 모발이 2~3개 정도 있다.
② **모발 지름** : 후두부의 모발 지름 정도의 굵기(약 0.075~0.08mm)
③ **모발 상태** : 큐티클이 완전히 닫혀 있으며 매끄럽고 윤기를 띠며 이물질이 전혀 없는 상태
④ **모공 상태** : 모공의 입구가 마치 구멍이 뚫린 것처럼 오목하게 파여 열려 있다.
⑤ **관리 초점** : 현재의 상태를 유지하면서 영양 공급에 초점을 둔다.
⑥ **홈케어법** : 매일 저녁에 샴푸를 하며 깨끗이 헹구어 준다.

2 건성(비듬) 두피

① **두피 특징** : 노화 각질이 두텁게 쌓여 두피가 탁해 보이며 유·수분 공급이 원활하지 않다. 각질이 하얗게 쌓여 있고 두피가 불규칙하게 갈라진다. 일반적인 경우는 한 모공에 모발이 2~3개 정도 있고, 건성두피로 인한 이상현상 있는 경우는 한 모공에 모발이 1~2개 정도 있다.
② **모발 지름** : 영양공급이 제대로 일어나지 않아 모발이 가늘어지면서 탈모될 소지가 많다.

③ **모발 상태** : 모발에도 건조한 각질이 붙어 있고 피지분비 제대로 일어나지 않아 부석거리고 탄력이 없다.

④ **모공 상태** : 노화 각질이 모공을 막고 있어 영양 공급에 장애가 된다.

⑤ **관리 초점** : 오래된 각질 및 비듬의 제거와 두피의 수분공급과 영양공급이 원활하게 이루어지도록 마사지 및 두피를 자극하는 특수관리를 병행하고 건성(비듬)용 샴푸를 사용한다.

⑥ **홈케어법** : 매일 저녁에 샴푸를 하고 자연 바람에 두피 및 모발을 건조시킨다. 샴푸 시 지문을 이용하여 두피 마사지를 병행한다.

③ 지성(비듬) 두피

① **두피 특징** : 두피에 피지 분비가 과도해 기름기가 흐르고 비듬과 각질이 피지와 엉겨 붙어 있다. 일반적인 경우는 한 모공에 모발이 2~3개 정도 있고, 지성두피로 인해 문제가 생긴 경우는 한 모공에 1~2개 정도가 있다.

② **모발 지름** : 두피가 청결하지 못하고 영양공급 제대로 일어나지 않아 모발이 가늘어져 있으며 탈모될 소지가 많다.

③ **모발 상태** : 두피와 모발이 청결하지 못하고 피지덩어리가 붙어 있으며 피지 산화물로 인한 불쾌한 냄새가 난다.

④ **모공 상태** : 노화각질과 피지 분비물이 모공을 막고 있어, 피지가 모낭 안에 머물며 염증을 유발하거나 또한 모근에 영향을 미칠 수 있어 탈모의 위험성을 많이 안고 있다.

⑤ **관리 초점** : 두피의 청결과 피지분비가 조절되도록 관리한다.

⑥ **홈케어법** : 두피의 자극(지나친 마사지, 스트레스, 당분, 자극적인 음식)을 최소화하고 지성(비듬)용 샴푸를 사용하여 아침, 저녁으로 2회 샴푸를 하고 깨끗이 헹구어 준다.

4 예민성 두피

① **두피 특징** : 전체적으로 두피 톤이 붉으며 부분적으로 모세혈관 확장과 혈액순환 저하에 의한 얼룩이 나타난다. 또한 부분적으로 염증이 보인다.

② **모발 지름** : 두피의 불결이나 세균의 감염에 의해 탈모가 일어날 위험성이 높고, 영양 부족으로 모발이 가늘어질 수 있다.

③ **모공 상태** : 피지덩어리와 노화각질이 모공 막고 있다.

④ **관리 초점** : 두피의 청결과 세균 번식의 억제 및 예방에 주력하고 두피의 과민반응을 막을 수 있도록 두피 건강을 도모해야 하며 염증성 두피의 경우 염증관리(광선기, 고주파사용)에 들어간다.

⑤ **홈케어법** : 두피가 전체적으로 예민하기 때문에 식물성의 저자극 샴푸를 이용해 매일 저녁 샴푸해 준다.

5 탈모성 두피

① **두피 특징** : 두피가 가렵고 피지 분비가 과도하며 비듬이 많아지고, 점차적으로 두피가 딱딱해지고 광택을 띄게 된다. 또한, 빈 모공이 많이 생기고 한 모공에 모발이 1개 정도 있다.

② **모발 지름** : 계속되는 탈모현상으로 모발에 힘이 없으며 모발 지름이 체모에 가까울 정도로 가늘다.

③ **모발 상태** : 짧은 신생모가 많으며 가늘고 탄력이 없다.

④ **모공 상태** : 묵은 각질이 많고 비듬과 과다한 피지가 모공을 막고 있다.

⑤ **관리 초점** : 모근부의 영양공급과 혈액순환 및 스트레스 해소에 초점을 두고 모발 재생을 위한 특수관리를 병행한다.

⑥ **홈케어법** : 두피에 맞는 마사지 법으로 혈액 순환을 촉진하고 탈모용 전문제품을 사용한다. 균형 있는 식단으로 규칙적인 식사를 하고 충분한 수면과 적당한 휴식, 운동 등으로 스트레스를 풀어주며 탈모 방지용 샴푸로 올바르게 샴푸할 수 있도록 한다.

6 손상된 모발

① **손상 원인** : 강한 마찰이나 열, 화학적인 처리(염색이나 펌, 탈색), 일광이나 대기오염, 건강상태나 영양상태 등으로 굵기와 모질이 변화한다.

② **모발 상태** : 광택이 없고 건조하며 모발에 굴곡이 생긴다. 또한 심하게 엉켜 빗질이 잘 안되며 끝이 많이 갈라져 있다.

③ **관리 초점** : 모발을 보호하고 강화시키는데 초점을 맞추고, 더 이상의 손상을 막아주도록 한다.

④ **홈케어법** : 잦은 드라이, 펌, 염색 등을 피하고 약산성 샴푸를 이용해 샴푸하도록 한다.

CHAPTER

03 매뉴얼테크닉

❶ 안티스트레스 두피 매뉴얼테크닉(anti-stress scalp massage)

스트레스에 의한 혈관수축으로 피의 흐름이 막히면 모낭세포가 영양소를 충분히 공급받지 못해 나타난 급성 탈모증은 스트레스가 해소되면 수축되었던 혈관이 회복되어 모발이 다시 난다. 그러므로 승모근, 흉쇄유돌근, 경판상근, 두판상근, 후두근, 측두근 등 관련 근육들을 풀어 스트레스를 해소시켜준다.

(1) 천돌 누르기(한손으로 턱을 잡고 한손으로는 천돌을 지압하여 열을 내린다.)
피시술자를 바로 눕게 하여 시술

(2) 흉쇄유돌근 풀기(소지구를 흉쇄유돌근에 넓게 펴서 푼다.)

(3) 천종혈 누르기(한쪽 손끝은 천종혈에 받쳐주고 한쪽 손은 견봉을 잡고 리드미컬하게 눌러 준다.

(4) 경추 맞추기 - 경추를 좌우로 바로 잡아준다.

(5) 안면 근육 마사지 - 전두근을 비롯하여 안면을 전체적으로 마사지 해준다.

(6) 두상모양 확인하기
- 두상이 딱딱하게 굳은 부위는 지그재그로 흡착된 두피를 풀어준다.
- 말랑말랑하게 부풀어 있는 두피부위는 앵귤루스 방향으로 림프를 쓸어내려 배출시켜준다.

(7) 두피 밀어주기 - 두피 이동(대뇌효과 : 대뇌의 인식시간은 48시간~72시간 지속 작심 3일, 2회 관리/주) M자형의 경우 머리가 나있는 부위에서 머리가 없는 탈모 부위 방향으로 두피를 밀어 준다.

(8) 괄사로 머리 빗기 - 귀앞 측두근에서부터 시작하여 귀바퀴를 돌아 완골부위 후발제까지 두피 전체를 괄사로 빗어준다. 이때 압력은 약간 통증을 느낄 정도로 한다.

(9) 후발제에서 백회를 향하여, 양측두에서 정중선을 향하여 쓸어 올리면서 마사지 하기 피시술자를 엎드리게 하고 시술자 자세는 목옆으로 일어서서 손가락을 펴서 중앙 부위를 향하여 시술
효과 : 두피 여드름 순환효과 - 오돌토돌한 것이 없어짐

(10) 완골, 풍지, 천주, 아문혈 풀어주기 - 한 손으로 이마를 받쳐주고 한 손으로는 엄지와 중지를 이용하여 완골부위를 중심으로 후발제 전체에 압을 가한 다음에 펌프질 하듯이(하나, 둘, 셋 튕겨준다.)

(11) 뒷목 근육 풀기(양손으로 후발제 부위와 승모근 중상부를 잡고 원을 그리면서 목을 늘려준다.)

(12) 대추혈 풀기(대추의 양쪽을 반씩 나누어서 지그재그로 원을 그리면서 돌리기)

(13) 풍문혈 누르기(목 전체풀기)

(14) 탁기 빼기 - 머리를 가볍게 잡고 머리카락 난 방향으로 당겨준다.

(15) 마무리

CHAPTER

04 두피 스켈링(scalp scaling)

모발과 두피를 손상하지 않고 더러움만 깨끗이 씻어내는 것이 가장 좋은 샴푸의 조건인데 두피 및 모공 주위에 쌓여있는 노폐물 등을 스켈링 제품과 1분당 1800회 진동하는 맥동파 수류의 아쿠아 펀치와 같은 두피 세정기를 이용하여 제거하는 단계로 두피관리 과정 중 무엇보다 중요한 단계이다. 스켈링 단계에서의 두피청결 정도와 모공의 개폐 정도는 영양공급 과정에서 제품 침투 여부를 결정지을 정도로 중요하다.

1 두피 스켈링의 정의

두피 스켈링이란 매일하는 칫솔질로써도 제거되지 않는 치석을 제거하기 위한 치아 스케링과 같은 기본적인 관리다. 즉 노화된 각질, 피지 분비물, 비듬 등이 두피에 쌓이게 되면 모발의 성장뿐만 아니라 두피의 건강까지 영향을 받는다. 이러한 두피의 이물질을 제품과 기자재를 사용하여 제거하는 것을 말하며 모발 및 두피관리에 있어 가장 기초적이며 근본이 되는 관리이다.

두피의 이물질은 외부로부터의 영양흡수를 방해하고 두피에 가려움이나 염증을 유발한다. 또, 장기간 방치하였을 경우 탈모로 이어지므로 정상두피를 가진 사람이라 하더라도 탈모예방 차원에서 한달에 2회 정도의 관리는 필요하다.

2 두피 스켈링의 방법

① **물리적 방법** : 아쿠아 펀치라는 두피 세정기를 이용하여 두피에 물리적 자극을 주어 각질 및 화학 성분, 피지 분비물 등을 제거하는 방법으로 두피 마사지의 효과를 동시에 볼 수 있어 두피 건강에 매우 효과적이다.
두피 스켈링을 할 때 사용되는 아쿠아 펀치의 경우 분당 1800회의 맥동파 수류의 강력한 파워 수압을 이용하여 일반 샴푸로는 제거되지 않는 두피와 모공에 축적된 피지와 노폐물을 제거하여 두피를 청결하고 건강하게 하고 모공을 열어 주어 영양 공급이 효과적으로 이루어지도록 한다.

② **화학적 방법** : 두피 연화제 등 두피 클렌징 제품을 물리적 방법을 시술하기 전에 두피에 도포하여 노화각질과 두피에 쌓여 있는 이물질이 쉽게 제거될 수 있도록 하는 방법으로 두피상태별 관리가 용이하며 두피의 상태에 따라 건성의 경우는 스켈링 X, 지성의 경우 스켈링 Y, 예민성 두피의 경우 콤플렉스 A와 프린시피 엑티브 모이스처라이징 제품을 이용하여 관리한다.
특히 콤플렉스 A는 우엉뿌리, 페피민트 등의 식물추출물을 주성분으로 구성되어 있으며 침투력이 우수하고 세균번식 억제, 두피청결유지, 항염, 진정작용에 뛰어난 효과가 있다.

3 두피 스켈링 시술과정

① 두피 타입 측정 → ② 어깨 마사지와 발 마사지 → ③ 모발 브러싱 → ④ 스켈링 제품(건성, 지성) 도포 → ⑤ 헤어 스티머 → ⑥ 아쿠아 펀치 → ⑦ 샴푸 및 두피 마사지→ ⑧ 두피 드라이→ ⑨ 마무리

4 사용 기자재의 특징과 효과

① 뷰티 스코프(Beauty Scope)

1:1, 30배, 80배, 300배 배율이 있으며 두피상태를 300배 배율의 렌즈로 확대시킨다. 두피상태와 문제 부위를 자세하게 측정하여 두피타입과 피지나 각질정도 모공상태 등을 알 수 있으며 고객이 직접 본인의 두피상태를 모니터를 통해 확인함으

로써 관리의 필요성을 인식하게 한다.

② 헤어 스티머(Hair Steamer)

수증기의 입자가 크고 무게감이 있으며 많은 수분을 포함하고 있어 스켈링제의 작용을 도와주며 모발과 두피에 수분을 공급하여준다. 또한 두피의 노화각질을 팽윤, 연화시키므로 각질 제거를 용이하게 할 수 있다.

㉠ **건성두피 경우** : 헤어 스티머 시간을 10분 정도 조사

㉡ **비듬성 두피** : 헤어 스티머 시간을 10~15분 정도 조사

㉢ **각질이 과다한 경우** : 헤어 스티머 시간을 15분 정도 조사

㉣ **예민성, 민감성 두피의 경우** : 헤어 스티머 시간을 7~8분 정도 조사

㉤ **스타일 제품을 과다하게 사용한 경우** : 관리 전 프레인 샴푸 또는 헤어 스티머를 5분 정도 조사한 후 관리에 들어간다.

③ 아쿠아 펀치(Aqua punch)와 샴푸

아쿠아 펀치는 분당 1800회의 맥동수류를 이용하여 샴푸로 제거되지 않는 모공 주위의 노화각질 및 피지분비물, 펌제, 염모제 잔여물을 제거해준다. 두피의 잔여물 제거뿐만 아니라 두피마사지 효과를 동시에 볼 수 있으며 두피의 신진대사 기능을 원활하게 도와준다. 사용이 간편하며 두피의 타입에 따라 조절이 가능하도록 수압은 3단계로 조절할 수 있고 고객의 머리길이나 모발 수에 따라 노즐(3가지)을 선택하여 사용할 수 있다.

두피의 상태에 따라 예민성 두피는 수압을 약한 상태에서 물 2통(8000cc), 비듬성 두피는 표준 상태에서 물 2통, 과다각질은 강한 상태에서 물 2통을 사용하고 물의 온도는 40도에 맞춘다.

샴푸를 할 때 아로마를 사용한 천연샴푸는 두피를 청결하게 해주고 상한 모발을 회복시키며 모발의 건강을 지켜준다. 샴푸 후에는 반드시 목과 두피를 마사지 하여 경직된 목근육의 긴장을 풀어주고 두피의 긴장을 풀어주어 혈액순환을 촉진시킨다.

5 2차 상담

두피 스켈링 전·후 사진을 촬영하여 두피상태를 비교 분석하여 자료를 고객에게 제시함으로써 고객이 신뢰하도록 한다. 두피관리의 필요성과 적정시기를 제시하는 과정으로 상담자의 풍부한 경험과 지식이 필요하다.

CHAPTER

05 아로마 스파 두피관리

식물의 꽃, 잎, 줄기, 뿌리, 열매로부터 추출된 아로마 에센셜 오일은 인체에 흡수되면 신경화학물질이 생성되어 뇌하수체에 영향을 주어 호르몬분비를 조절하고 밸런스를 맞춰줌으로써 호르몬과 같이 인체의 정신적, 신체적 생체리듬을 활성화시켜 호르몬 불균형으로 인한 탈모관리에 효과적이며 혈액순환을 촉진시켜줄 뿐만 아니라 두피를 청결하게 해주고 정신적 스트레스의 해소와 근육피로회복에도 도움이 되므로 이러한 것들을 적절히 사용하여 두피를 관리하면 두피의 이상 질환을 치유하고 탈모를 예방하고 개선하는데 아주 효과적이다.

1 아로마 두피관리 과정

① 먼저 안티스트레스 음악으로 관리실 분위기를 편안하게 한다.

② 두피관리를 하기 전에 안티스트레스 오일을 발향기에 넣어 고객과 가까운 위치에 놓고 발향시킨다. 고객의 긴장을 완화시키고 마음을 편안하게 하며 감미로운 향내음을 자연스럽게 즐기도록 한다.

③ 아로마 스파에 미지근한 물을 넣고 그 속에 아로마를 희석하여 작동시키면 스파에서 강물이 흘러나오는 것과 같이 물줄기가 분사된다.

분사된 아로마 물줄기로 두피를 전체적으로 섹션을 떠가면서 고루고루 마사지한 후에 손으로 어깨, 목, 두피를 전체적으로 마사지 한다.

두피를 아로마 오일로 마사지하면 아로마 오일이 모공을 통하여 피부 속으로 빨리 스며들게 되고 림프나 혈액을 통해 산소와 영양이 체내의 온몸으로 운반되어 두피를 건강하게 하고 머리카락을 건강하게 유지시켜주며 발모를 촉진시켜준다.

② 두피관리에 주로 사용되는 아로마 오일과 효과

두피관리의 기본적인 접근 방법은 두피청결과 혈액순환에 있다. 두피 상태에 따라 아로마 오일을 샴푸나 물에 3% 정도의 농도로 잘 희석하여 두피세정용으로 사용하여 두피를 청결하게 하고 또 케리어 오일에 희석하여 두피마사지를 해주면 혈액과 림프의 순환을 촉진시켜 산소와 영양분의 공급을 원활하게 해주므로 탈모예방에 아주 효과적이다.

① **정상두피** : 라벤다, 클라리세이지, 일랑일랑
② **건성두피** : 라벤다, 제라늄, 산달우드, 티트리
③ **지성두피** : 일랑일랑, 쟈스민, 제라늄, 시다우드, 로즈마리, 레몬, 버가못, 클라리세이지
④ **예민두피** : 산달우드, 사이프러스
⑤ **비듬두피** : 세이지, 로즈마리, 시다우드, 티트리
⑥ **탈모** : 타임, 라벤다, 시다우드, 로즈마리

③ 영양공급(nutrition supply) - 두피 관리 전문 제품 내역 참조 - 별첨1

두피에 육모제 및 영양제품을 도포하고 두피관리기기를 이용하여 모발 및 두피의 생리기능을 촉진시키는 단계이다.

1) 샴푸 후 모발을 건조시킨 뒤 두피타입에 따른 앰플을 면봉에 묻혀 세밀히 두피 도포이나 산소 테라피기에 투입하여 분사한다.

2) 두피타입에 따라 두피 마사지(스켈프 메니플레이션), 적외선 조사로 흡수를 촉진시키거나, 두피상태에 따라 광선조사, 고주파기 등을 선택하여 약 10~15분 조사한다.

3) 반신욕, 족탕법

자율신경계의 불안정으로 얼굴은 화끈거리는데 반하여 허리와 다리, 손발은 혈관이 수축되어 차가워지는 증상은 수승화강(水昇火降)이 잘 이루어지지 않아 인체의 균형이 깨져 나타나는 현상이며 그 결과 우리 몸에 냉이 작용하면 혈관이 수축되어 모세혈관까지 혈액순환 부전현상이 나타나며 혈액순환이 원활하지 못하면 산소나 영양분이 제대로 공급되지 못하고 정체되는 현상이 일어나 세포기능이 저하되고 약화되어 탈모원인이 된다.

그러므로 몸 안의 냉을 해소시키려면 반신욕이나 족탕법이 매우 효과적이며 반신욕이나 족탕법은 백발을 흑발로 만들며, 탈모에 뛰어난 효과가 있는 것으로 TV(생노병사 프로그램)에 보도된 바 있다.

반신욕은 체온보다 약간 높은 37~38도 정도의 미지근한 물에 명치 아래 하체부분을 30분 정도 담그고 충분히 땀을 뺀 다음 밖으로 나오면 된다. 반신욕을 할 때는 명치 위 상체와 어깨는 절대로 물 속에 담궈서는 안 되고 팔도 물 밖으로 내 놓아야 한다.

4 특수관리(special care) - 두피관리 기기 내역 참조 - 별첨2

염증, 홍반, 탈모, 비듬 등과 같은 문제성 두피에 특수한 두피관리기(적외선, 고주파, 아로마 두피 크리닉기, 선레이, 소프트 바이오 빔 등)와 제품 등을 사용하여 두피의 문제점을 근본적으로 개선시켜주는 단계이다.

5 모발 영양 또는 보호 단계

(1) 모발상태에 따라 영양제, 보호제 등을 선택하여 모발과 두피에 골고루 도포한다.

(2) 적외선기나 소프트 바이오빔(5~6분)을 사용해 앰플이 두피와 모발에 잘 흡수되도록 한다.

(3) 마무리 - 헤어스타일을 마무리한다.

6 홈케어 처방

두피관리는 통상 주 1회 전문관리센터를 방문하여 받게 되므로 두피관리 효과의 지속성을 위하여 홈케어 처방은 필수적이다.

CHAPTER

06 두피관리의 효과

1 두피관리의 효과

이상과 같은 과정으로 관리하여 두피와 모발을 건강하게 유지시키며 또 심신을 이완시키고 부드러운 스켈프 메니플레이션과 기능별 제품의 투여로 탈모 예방 등 많은 효과를 볼 수 있다.

1) 건강한 두피에 건강한 모발

두피의 생리기능을 원활하게 하여 두피나 모발의 건강을 유지시켜준다.

모공주변에 산재해 있는 피지 잔여물과 노화각질은 두피뿐만 아니라 모공과 모근부분에 흡착되어 피지 분비를 저해하고 두피의 산소 공급을 저해하므로 모발성장을 방해한다.

특히 모근부분에 흡착된 이물질은 모발에 굴곡을 형성하고, 모발의 탄력도를 저하시켜 모발의 볼륨을 감소시키거나 펌이나, 염색 시 원하는 스타일을 만들지 못하는 원인이 된다. 또한 장기적인 이물질의 흡착은 신생모의 건강상에도 문제를 일으켜 가늘고 탄력이 저하된 손상모의 발생의 원인이 되기도 한다.

2) 탈모 지연 및 예방

저질의 모발 생성을 막고 건강하고 윤기 있는 모발이 성장할 수 있도록 하고 탈모를 방지한다.

두피와 모공 주변에 존재하는 이물질과 노폐물은 모공을 막아 피지분비를 저해하고 두피의 산소공급을 방해하므로 두피 신진대사 기능을 저하시키는 원인이다. 그로 인하여 모발의 성장기 기간이 단축되고 또한 피지의 장해로 인하여 지루성 탈모가 될 수 있다.

즉, 두피가 불결하다고 하여 그것 자체가 탈모로 이어지는 것은 아니지만 탈모를 유발시키는 원인이 되기 때문에 두피의 청결은 탈모를 예방할 수 있는 가장 기본적인 관리 프로그램이다.

3) 비듬, 가려움 등 두피의 문제점 해결

문제성 두피가 발생하는 원인 중 가장 큰 비중을 차지하는 것이 두피의 불청결로 인한 세균의 번식이다. 이것은 문제부위가 세균의 활동으로 인하여 그 범위가 확산되어 두피 일부분이 아닌 두피 전체로 번지는 것이 문제이며, 이러한 문제점을 사전에 막기 위해서는 두피의 청결과 두피 살균, 소독으로 세균의 번식을 억제하는 것이 최상의 방법이다.

CHAPTER 07

두피 유형별 관리

1 정상 두피

1) 특징

두피의 유형을 판별하기 위한 기준이 되는 두피의 상태를 말하며, 두피톤이 청백색의 우유빛을 띄고, 표면에 이물질 즉, 노화 각질이나 피지산화물이 없는 깨끗한 상태를 말한다. 모공이 열려 있어 영양분이 쉽게 흡수될 수 있으며 한 개의 모공에 서로 다른 모주기를 가진 2~3개의 모발이 자리 잡고 있다.

2) 관리 방법 및 관리 초점

현재의 상태를 지속적으로 유지하면서 노화 각질의 제거와 유·수분의 밸런스 유지에 초점을 맞춘다. 별다른 문제가 없을 경우에는 모발의 상태에 따른 제품을 적용한다.

홈케어 방법으로는 매일 저녁에 순한 식물성 샴푸를 이용하여 샴푸하는 것을 기본으로 한다.

◈ **관리 프로그램**

두피 타입 측정 → 어깨 마사지와 발마사지 → 모발 브러싱 → 스켈링제 X 도포 → 헤어 스티머 → 아쿠아 펀치 → 두피 드라이 → 엘리오 캅 탈모 로션 → 적외선 조사 → 두피 마사지 → 마무리

두피를 가장 정확히 진단하기 위해서는 샴푸 후 피지의 분비량이 알맞은 2~3시간 정도 가장 적당하다.

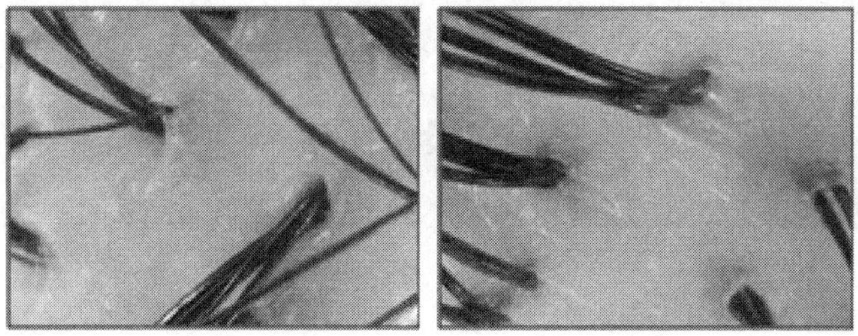

2 건성 두피

1) 특징

두피의 유·수분 분비가 원활하지 못하여 매우 건조하며 모발 역시 푸석푸석한 느낌이 든다. 두피에 과도한 각질과 비듬이 쌓인 상태로 영양 공급이 제대로 이루어지지 않고 있으며 각질이 심하게 일어나 있는 것을 볼 수 있다. 이러한 상태가 지속될 경우 모발은 점차 가늘어지고 탄력을 잃어가며 심한 경우 탈모로 이어질 수 있다. 원인으로는 수소이온 농도가 높은 샴푸제의 사용과 부적절한 드라이법, 잦은 펌이나 염색에 의한 두피부분의 손상 등을 들 수 있으며, 스트레스 및 식생활의 변화 등도 한 요인으로 작용한다.

가급적 일반 샴푸보다는 기능성 샴푸를 이용하여 샴푸하고 시간적 여유가 많은 저녁 시간대에 샴푸하는 것이 효과적이다. 관리초점을 두피의 원활한 유·수분 밸런스에 맞추어 관리하고 적당한 두피 마사지로 피지의 분비를 도와주는 것이 중요하다.

2) 관리방법 및 관리초점

표피의 오래된 각질 및 비듬의 제거와 두피의 수분공급과 영양공급이 원활하게 이루어지도록 마사지와 두피를 자극하는 특수관리를 병행되도록 한다. 가려움증을 해소하기 위해 고주파를 이용한 살균관리도 병행한다.

◈ **관리 프로그램**

두피타입 측정 → 어깨 마사지와 발마사지 → 모발 브러싱 → 스켈링제(건성) 도포 → 헤어 스티머 → 아쿠아 펀치 → 두피 드라이 → 탈모 로션 → 적외선 → 두피마사지 → 고주파 5분 이내 → 마무리

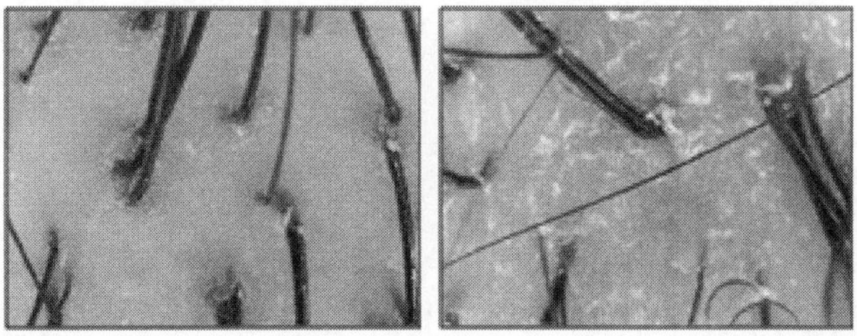

③ 지성두피

1) 특징

피지선에서의 피지분비가 과도하거나 모공 주위에서의 피지 분비가 원활하지 못하여 생기는 두피유형이다. 두피부분의 피지가 각질이나 비듬등과 엉키어 모공을 막음으로써 피지가 역류하고 그로 인해 염증 및 탈모를 일으킨다. 두피부분에 피지가 과도할 경우 세균의 번식의 용이하여 가려움증과 염증 등을 유발한다. 진단기 상으로 관찰할 때 두피가 매우 번들거리고 모공 주위에 피지산화물이 뭉쳐있어 모공을 막고 있는 것을 볼 수 있다. 우리나라 인구의 약 70% 정도가 지성두피를 지니고 있으며 탈모 인구의 대부분도 지성두피를 소유하고 있다.

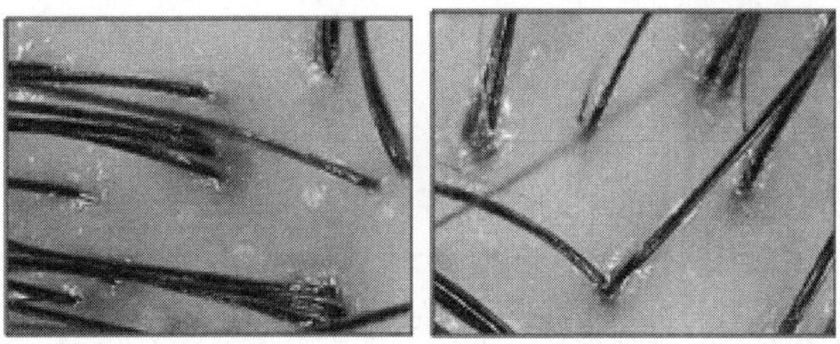

2) 관리방법 및 관리초점

피지분비의 조절과 두피부분의 청결을 유지하며 샴푸시 두피를 자극하지 않도록 한다. 샴푸제의 사용은 pH 5.5 정도의 기능성 샴푸제를 이용하며 1일 아침, 저녁으로 2회 샴푸하는 것이 좋다. 식생활 면에서도 두피나 피지선에 자극을 주는 자극적인 음식은 피하는 것이 좋고 스트레스도 적당한 운동 등으로 풀어 주는 것이 좋다. 관리시 피지분비를 조절하기 위해 두피에 맞는 적절한 제품의 사용과 특수 관리를 병행한다.

◈ **관리 프로그램**

두피타입 측정 → 어깨 마사지와 발마사지 → 모발 브러싱 → 스켈링제(지성) 도포 → 헤어스티머 → 아쿠아 펀치 → 두피 드라이 → 고주파 5분 조사 → 지성 로션 도포 → 고주파 5분 조사 → 두피 마사지 → 마무리

4 비듬성 두피

1) 특징

비듬균의 이상 증식으로 인해 비듬이 비정상적으로 증가하는 두피 유형으로 가려움증을 동반하는 것이 특징이다. 비듬은 크게 건성과 지성으로 구분되어지며 관리시기가 늦추어질 경우 염증 및 탈모로 이어질 수 있다. 비듬이 두피에 생길 경우 피지분비를 저해하여 피지의 역류를 일으키고 모발의 생성에 있어 저질의 모발 및 성장 속도를 저해하는 요인으로 작용한다. 하지만 이러한 비듬은 누구에게나 있는 것으로 그 심각성에 따라 관리의 필요성이 좌우된다.

(1) 건성 비듬

두피의 각화현상이나 각질층의 건조에 의해 일어나는 증상으로 입자가 작고 가벼운 것이 특징이다. 각질층의 수분부족이나 피지 산화물의 건조에 의해 일어나며 부적절한 드라이나 알카리성이 높은 펌제, 염모제에 의해서도 일어난다. 관리의 초점을 유·수분의 공급과 비듬균의 증식억제 및 두피의 살균, 소독에 맞추어 관리한다. 홈케어 시 식물성

분의 기능성 샴푸를 이용하여 저녁에 깨끗이 샴푸하며 샴푸 후 두피부분의 물기를 완전히 제거한 다음에 수면을 취하는 것이 좋다.

◈ 관리 프로그램

두피타입 측정 → 어깨 마사지와 발마사지 → 모발 브러싱 → 스켈링제(건성) 도포 → 헤어스티머 → 아쿠아 펀치 → 두피 드라이 → 비듬 로션 도포 → 적외선 10분/고주파(5분 이하) → 두피 마사지 → 마무리

(2) 지성 비듬

두피 표면에 필요 이상의 피지가 분비되어 이것이 각질 및 비듬과 결합하여 생기는 현상을 말한다. 생성원인으로는 과도한 스트레스 및 피로의 누적 등이며, 분비된 피지는 두피의 이물질과 결합하여 쉽게 떨어지지 않고, 또한 입자가 큰 것이 특징이다. 두피의 피지는 산화 과정에서 심한 악취와 가려움증 및 염증을 나타내며 심각한 경우 탈모로 이어질 수 있다. 관리시 피지분비의 조절과 비듬균의 살균 및 소독에 힘쓰며 염증관리도 병행하여 시술하는 것이 효과적이다. 홈케어 시 가급적 자극적인 음식의 섭취는 피하고, 살균, 소독력이 있는 기능성 샴푸를 이용하여 아침, 저녁으로 샴푸한다. 샴푸 후 두피부분은 세균이 번식하지 못하도록 깨끗이 말린 다음 충분한 수면을 취한다.

◈ 관리 프로그램

두피타입 측정 → 어깨 마사지와 발마사지 → 모발 브러싱 → 스켈링제(지성)도포 → 헤어스티머 → 아쿠아 펀치 → 두피 드라이 → 고주파 조사 → 비듬 로션 도포 → 적외선 10분/고주파 조사(5분 이하) → 두피 마사지 → 마무리

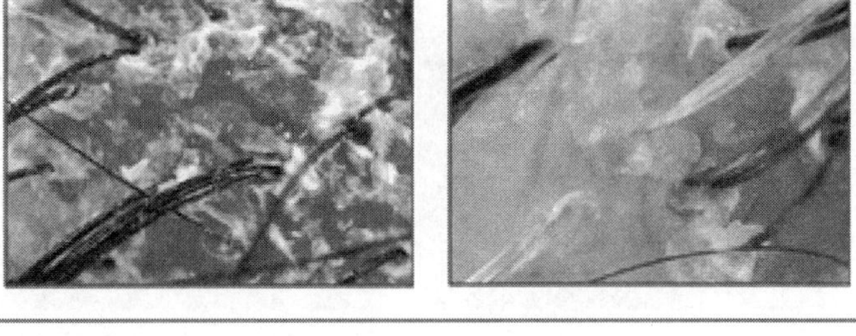

5 예민성 두피

1) 특징

두피 부분의 각질이 필요 이상으로 탈락되거나 스트레스 등으로 인하여 예민한 경우를 말하며, 모발의 굵기 역시 가늘고 탄력이 없는 것이 특징이다. 진단기 상으로 볼 때 두피가 전체적으로 붉은 색을 나타내며 모세혈관이 화면상에 여러 곳에 나타난다. 염증이 쉽게 나타날 수 있고, 심각한 경우 탈모로 진행될 소지를 안고 있다. 홈케어 시 저자극의 식물성 샴푸를 이용하고 스팀 타올이나 사우나 등은 가급적 피하는 것이 좋다. 관리를 소홀히 할 경우 염증성 두피로 전환될 우려가 있으므로 각별히 신경을 써야 한다.

2) 관리방법 및 관리초점

두피가 예민하므로 스켈링 X, Y 보다는 엘리오 캅 라인 즉, 콤플렉스 A와 PAN제품을 이용하여 스켈링한다. 스칼펀치 사용시 강도를 약으로 하여 두피에 자극을 최대한 줄이도록 한다. 자극적인 식생활 습관은 버리고 적당한 운동을 하여 신진대사를 원활히 하도록 한다. 또한 전문업소에서 관리 시 특수관리를 병행하는 것이 두피, 모발건강에 효과적이다.

◈ 관리 프로그램

두피타입 측정 → 어깨 마사지 → 모발 브러싱 → 콤플렉스 A 도포 → 두피마사지 → 두피타입별 PAN제품 도포 → 두피마사지 → 헤어 스티머 → 아쿠아 펀치 → 두피 드라이 → 탈모 로션 도포 → 적외선 10분/고주파 5분 → 두피마사지 → 마무리

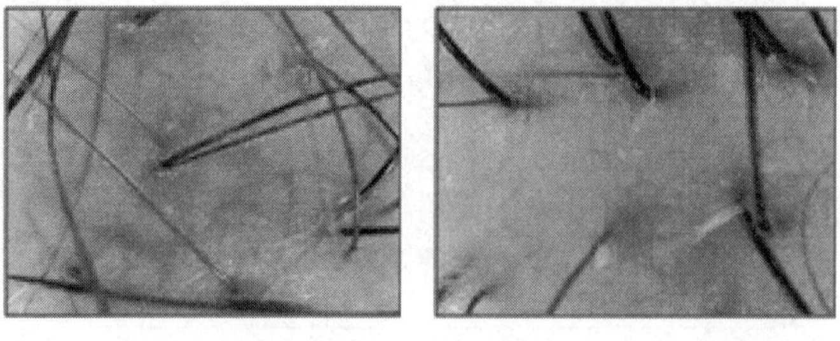

CHAPTER

08 샴푸테크닉

- 두피 타입에 맞는 샴푸를 선택하여 합니다.
  샴푸를 하는 이유는 두피의 노폐물을 닦아내며 다음 단계의 트리트먼트 효과를 높이기 위해서입니다.
- 경찰법 : 손바닥 전체로 가볍게 문지르는 방법
- 강찰법 : 두피를 강하게 누르면서 문지르는 방법
- 압박법 : 손바닥 전체를 이용해서 누르는 방법

1 샴푸 순서 및 주의 사항

① 두피 타입에 맞는 샴푸를 선택한다.

② 미지근한 물로 충분히 두피와 모발을 헹군다.
- 물의 온도는 손목 안쪽으로 측정한다.

③ 샴푸는 2회 나누어 한다. (첫 번째 샴푸는 헤어제품과 모발의 먼지 제거 개념의 pre-shampoo, 두 번째 샴푸는 스켈링 개념의 두피 세정의 plain - shampoo이다.)

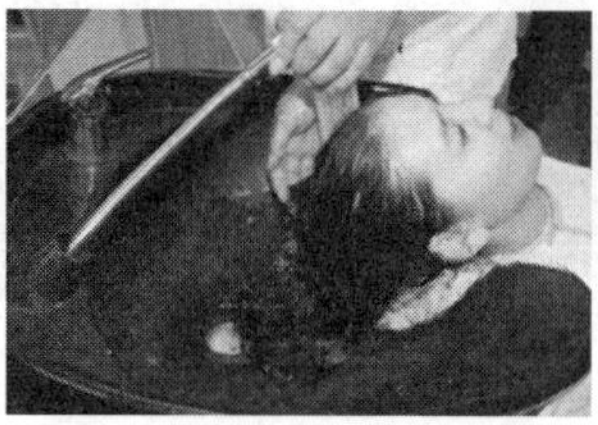

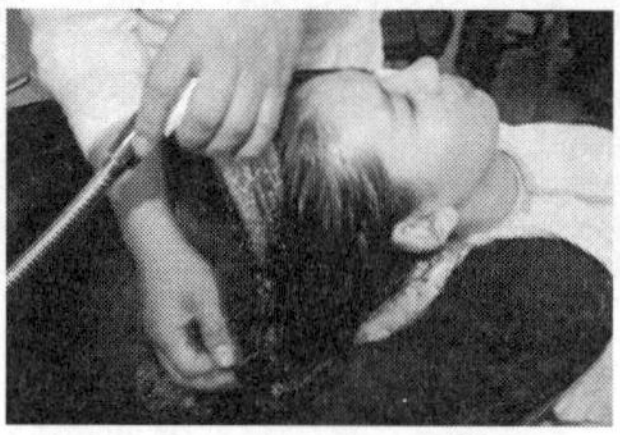

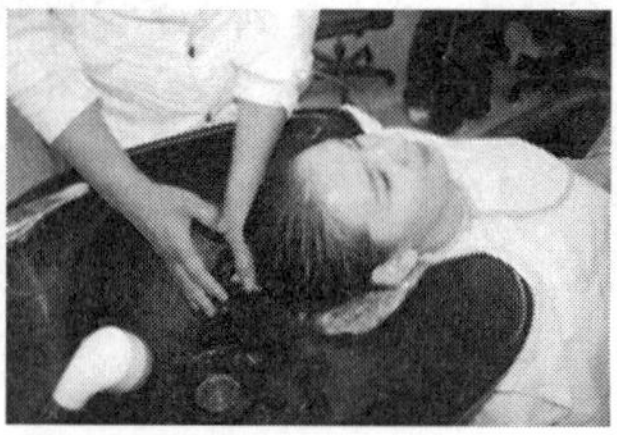

1.미온수로 모발과 두피를 깨끗이 헹굼

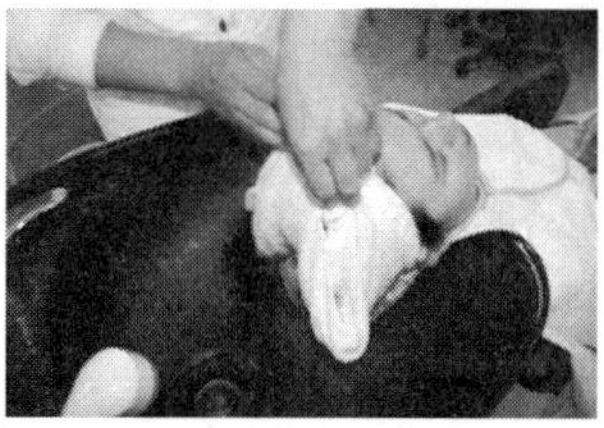

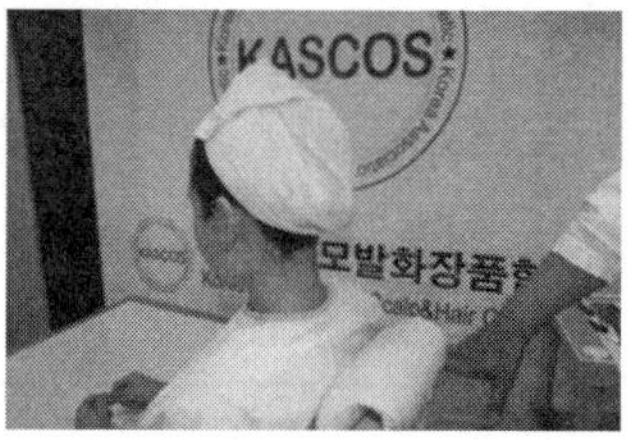

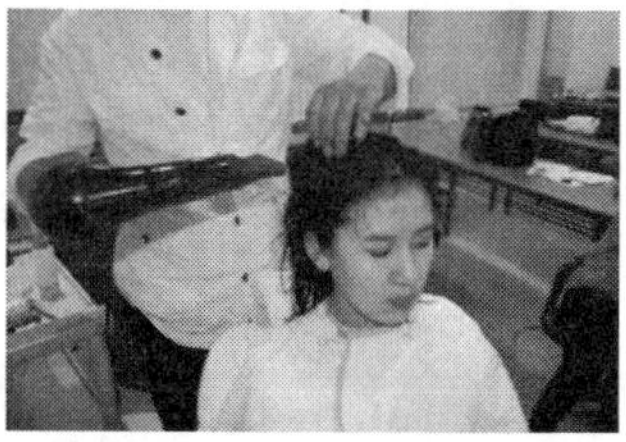

2. 적당히 물기를 제거후 타올로 감쌈

3. 타올드라이

4. 모발과 두피를 드라이 냉풍으로 건조

CHAPTER

09 탈모 유형별 분류

1 탈모요인과 분류

1) 남성형 탈모증

남성형 탈모증의 원인은 복합적이며, 유전적 소인과 남성호르몬에 의한 모근의 약화, 피지선의 비대화로 인한 두피의 노화, 지루성 염증이 증상을 더욱 악화시킨다. 이중 특히 남성호르몬인 안드로겐의 영향이 크게 작용한다. 모낭의 5알파-리덕타아제(5alpha-reductase)효소가 테스토스테론을 디하이드로테스토스테론(DHT: dihydro testosterone)이라는 호르몬으로 만드는데, 이때 목표 부위에서 안드로겐 수용체와 결합하여 모낭세포의 단백질 합성을 지연시켜 모낭의 성장기가 단축하게 된다. 이러한 현상으로 인해 모발은 점차 가늘어지고 휴지기에 들어서는 주기가 더 짧아져 마침내 남성형 탈모증이 진행된다.

탈모의 종류가 다양해지면서 남성형 탈모증의 형태, 증상에 따른 용어도 점차 세분화되고 전문적 용어로 구분되고 있다. 일반적인 탈모 형태에 따른 분류는 해밀턴(hamilton)의 8가지 종류로 크게 나누어진다. 해밀턴 분류 방법은 탈모의 형태에 따라 M자형, O자형, U자형, C자형으로 구분하고 복합적으로 나타나는 경우 MO자형, MU자형 등으로 구분한다.

해밀턴 분류법에 따른 남성형 탈모의 단계

단계	특징
1단계	탈모가 미약하게 진행된 시기
2단계	탈모 초기 단계
3단계	탈모가 외관상 확실히 자각되는 시기
4단계	탈모가 발전한 시기
5단계	탈모가 커진 시기
6단계	모발을 상당량 읽은 시기
7단계	거의 모든 모발이 탈락된 탈모 말기의 시기

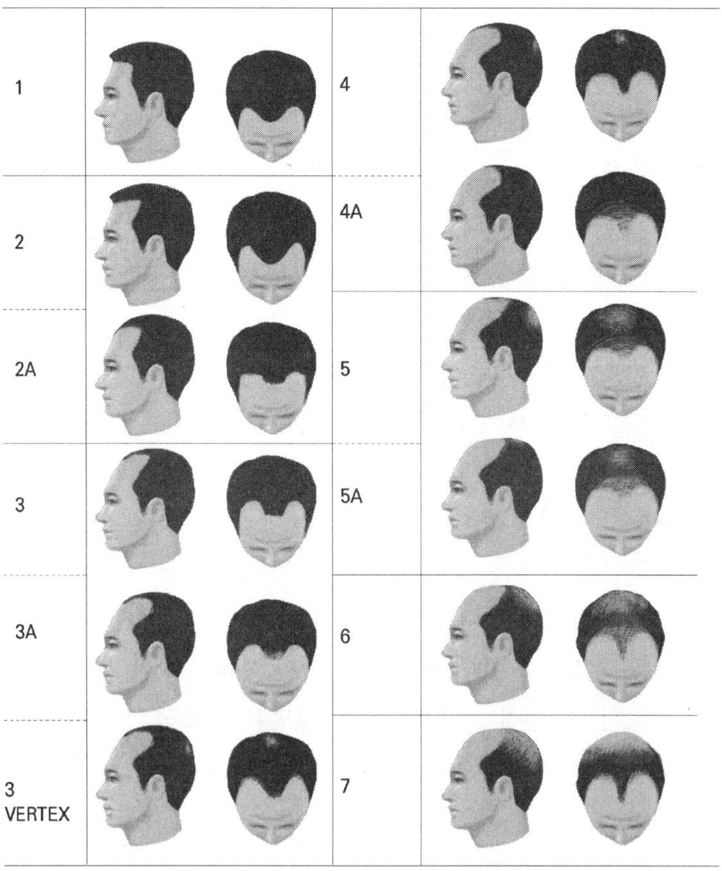

2) 여성형 탈모증

여성의 탈모현상은 남성과는 다르며 여성의 탈모현상은 대부분 윗부분의(정수리, 가운데 가르마를 기준으로) 모발의 밀도가 점차적으로 연모화 되는 탈모 유형으로 진행된다. 여성형 탈모증의 원인으로는 유전적인 요인, 잘못된 샴푸법, 잦은 파마나 염색으로 인한 두피손상, 과도한 스트레스, 폐경으로 인한 호르몬 밸런스의 이상, 무리한 다이어트 등이 원인이 된다. 그리고 여성들이 겪는 산후 탈모증은 호르몬이 두피 모낭의 정상적인 주기에 영향을 주어 일시적으로 나타나는 현상이다. 임신 시 호르몬 변화에 의해 에스트로겐의 양이 증가하여 모발 성장을 촉진시켜서 성장기의 모발량이 많아진다. 모발퇴행기로의 이행이 정상인보다 느려 그만큼 증가된 성장기 모발의 양이 그대로 유지되다가 분만 4~6개월 후에 일시적으로 성장기에 머물렀던 모발이 정상적인 휴지기 모발과 동시에 탈락함으로써 나타나는 탈모 현상이다.

여성 탈모의 증상을 확인하는 방법은 임상증상과 모발관찰, 모발 직경의 감소, 생장기 모발의 비율감소, 휴지기 모발의 비율 증가로 알 수 있다.

유전적요인과 여러 후천적인 요인으로 여성탈모가 진행되는데, 정확한 원인을 알고 꾸준히 관리한다면 호전될 수 있는 가능성도 있다.

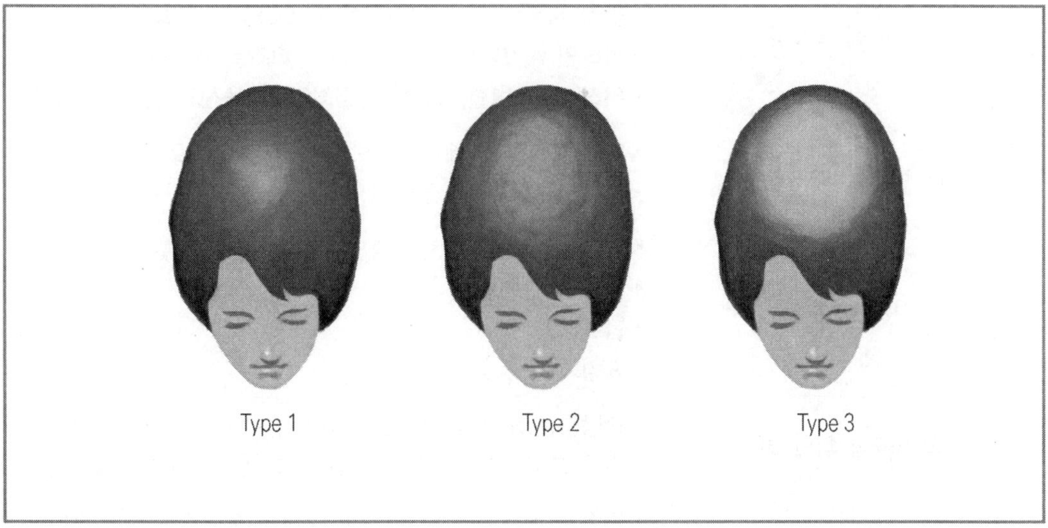

3) 다양한 탈모의 원인과 증상별 증상

탈모의 종류	원인 및 증상
원형탈모증	• 자율신경계에 의한 혈행장애로 오는 것으로 알려짐 • 탈모는 원형이고 경계가 뚜렷함 • 탈모 부위가 매끄러움 • 탈모 부위가 2차적으로 다발로 나타날 수 있음 • 모근 끈이 가늠 • 전두부 탈모에서 눈썹, 수염 등의 탈모까지 이를 수 있음
지루성 탈모증	• 두피가 유성으로 끈적함 • 대체로 모발은 가늘고 연함 • 피지분비 과잉에 의한 모근 각화 장애
신경성 탈모증	• 경계가 분명치 않은 불완전 탈모 • 전두부에 한정되지 않은 부정형 성산, 지도 모양 • 중추신경질환 : 진행성 마비 • 말초신경장애 : 신경성 쇼크
비만성 탈모증	• 모발은 건조해있고 광택이 없음 • 탈락 비듬이 많고 가려움을 호소하지만 두피에 염증은 없음 • 비타민 A, D의 부족에 의한 두피각화 비정상 • 위장장애, 빈혈, 결핵, 신경쇠약, 자율신경 실조등
접촉성피부염 탈모증	• 염모제, 파마제에 의한 모발 화장품 등으로 유발됨 • 염증이 심해지면 탈모로 진행
내분비계에 의한 탈모	• 갑상선 저하증과 항진증으로 인해 탈모 유발 • 당뇨의 합병증 • 난소낭종 • 폐경기 등
모낭충에 의한 탈모	• 모낭충은 모근의 영양분을 섭취하여 모근을 약화시키고 모공 속을 드나들며 모발과 모낭벽 사이를 넓혀 탈모를 유발
결발성 탈모	• 모발을 세게 묶거나 당겨서 약해진 모근으로 인해 일어나는 탈모증

CHAPTER 10

탈모 치료법

1 약물치료

1) 미녹시딜

미녹시딜(Minoxidil)은 두피의 탈모증 치료에 가장 먼저 사용된 의약품이다. 원래는 고혈압 약이었는데 이 약을 복용한 환자에게 다모증이 나타나는 부작용이 생겨, 이를 이용해 이후 탈모증 치료를 위한 국소 도포제로 개발되었다. 현재 판매되고 있는 2% 또는 5%의 미녹시딜 용액은 마이녹실 60%, 에탄올 20%, 플로필렌글리콜 20%를 물에 녹인 제재이다. 경구용 피나스테리드(Finasteride)와 함께 남성의 안드로겐 유전성 탈모증 치료제로 미국 FDA의 공인을 받았다. 여성의 안드로겐 유전성 탈모증 치료에는 '2% 미녹시딜' 만이 미국 FDA의 승인을 받았다. 미녹시딜의 모발 성장촉진 매커니즘에 대해서는 현재까지 명확히 밝혀진 것은 없지만 여러 가지 경로를 통해 작용할 것으로 추측된다.

모발 성장효과는 모든 연령에서 다 나타나지만 특히 40세 이하의 환자에게 더 크다.

마이녹실에 의한 모발성장의 최대 효과는 6~12개월 이후에 나타나며, 장기간 치료 시 점차 새 모발의 성장효과는 감소한다. 미녹시딜 도포를 중단하면 급속하게 탈모가 진행되어 4~6개월 후에는 두피 모발이 치료 이전 상태나 혹은 그보다 악화된 상태로 돌아간다.

심혈관계 등에 대한 전신적 부작용은 없으며, 두피의 건조, 가려움, 홍반 등이 발생할 수 있다. 아주 드물게 알레르기 접촉피부염이 나타나는 것으로 보고 되었다.

2) 프로페시아

프로페시아는 미국 머크(Merck) 사에서 개발한 경구용 탈모치료제다. 5mm 육각정 모양인 프로페시아 1정에는 피네스트리드라는 물질이 1mg 함유되어 있다. 피네스트리드 성분은 제 2형 5알파리덕타제 효소를 억제하는 물질이다. 5알파리덕타제 효소는 남성호르몬 테스토스테론과 만나면 탈모를 일으키는 DHT(히드로테스토스테론)로 변한다.

따라서 이 5알파리덕타제 효소를 억제하면 탈모 인자인 DHT호르몬이 되는 것을 억제할 수 있다. 프로페시아는 탈모를 예방하고 나아가 모발성장을 증진시키는 남성형 탈모증 치료를 위한 최초의 경구용 제제이다. 5년 동안의 임상연구에 의해 효능, 안전성, 환자 만족도 및 내약성에서 유일한 남성형 탈모증 치료제로 인정되었다. 오직 남성에게만 사용하며 1997년 FDA 승인을 받았고, 최근 53개국에서 사용되고 있다.

3) 판토가

판토가(Pantogar)는 독일 MERZ사에서 개발한 획기적인 모발 치료제다. 여성형 탈모인 확산성 탈모와 손상된 머릿결, 손톱의 발육부진에 처방할 수 있다. 이 약은 세포의 물질대사를 통해 약용 효모, 아미노산, 단백질(엘라스틴), 케라틴, 비타민B 복합체의 독특한 성분이 모발의 성장, 건강함, 탄력성을 위해 필요한 영양분을 공급한다. 탈모를 획기적으로 억제하며, 건강한 모발이 자랄 수 있게 자극하고, 모발의 질과 저항력을 향상시켜 주는 것으로 임상시험 결과 입증됐다. 부작용이 거의 없어 장기간 치료에 적합하며, 내약성이 뛰어나 장기간 사용해 약효에 변함이 없다. 평균 치료기간은 3~6개월이다. 보통 3~4개월 이후부터 효과가 나타나며 필요하면 계속해 반복 투여할 수 있다. 당뇨병 환자에게도 투여할 수 있고, 임신부가 복용해도 될 만큼 안전하지만 모든 약물과 마찬가지로 판토가도 부작용이 나타날 수 있다. 드물게 위통, 구토 등 위장관 불쾌감과 빈맥, 소양증, 두드러기 등의 부작용이 보고되어 있지만 심각한 부작용이 발생되었다는 보고는 아직 없다.

4) 단가드

각질 세포의 탈락을 감소시켜 표피가 과다하게 인설화되는 것을 억제한다. 지루 피부염 부위에 과다증식된 두피 세포의 비정상적인 증식을 억제함으로써 비듬을 효과적으로 치료한다. 피부 내로 흡수되지 않으므로 안전하며 부작용이 없다. 우수한 세정제와 컨디셔너가 동시에 함유되어 있어서 두피 및 모발을 청결하고 부드럽게 유지할 수 있다. 샴푸 타입으로 적당량을 젖은 두피 위에 바르고 거품이 나게 마사지한 후 물로 충분히 헹구면 된다.

2 메조페시아

메조테라피를 두피 치료에 적용한 '메조페시아'는 치료 효과가 입증된 유효 성분과 모발의 성장에 필요한 영양성분, 국소 혈액순환 개선제 등을 혼합하여 직접 피부 진피 속에 넣어주는 탈모 치료법이다. 적재적소에 필요한 성분을 직접 주사함으로써 부작용 걱정 없이 적은 용량으로도 최대의 효과를 낼 수 있다.

시술 방법은 '메조건'이라는 특수한 주사 기구를 이용해 치료약물을 두피의 진피층에 주사하는 방법으로 메조건이 주사액 용량, 주사 깊이, 주사 속도까지 조절이 가능하다. 통증은 거의 없어 두피가 시원한 느낌 정도의 자극이 있다. 수술요법 없이 1주 간격으로 3~6개월 정도 시술하며 간편하면서도 부작용이 거의 없고 시술 후 효과가 빠르게 나타난다는 장점이 있다. 메조페시아 탈모치료는 수술 없이도 주사요법을 이용, 탈모 치료에 큰 효과를 기대할 수 있다. 탈모를 회복하고 모발 성장을 촉진시키는 약물이나 모근에 필요한 영양성분을 직접 주사하는 방법으로, 모발 이식 후 이식 모발의 생착을 높이는 효과도 있어 수술 후 치료로도 사용되고 있다.

그러나 메조페시아는 모근이 살아 있는 단계에서 좋은 효과를 볼 수 있기 때문에 탈모 초기에 치료받는 것이 가장 바람직하다. 이미 탈모가 많이 진행된 단계에서는 자가모발 이식술로 모발을 심어주는 것이 가장 확실한 영구 치료법이 된다.

고객 상담 카드

고객 정보			
고객명		담당 관리자	
생년월일		전화번호	
E-mail		직업	

생활패턴 진단(Life style)			
샴푸횟수		식생활	
스타일링제 사용		건강 상태 (및 알레르기 여부)	
수면상태 및 수면시간		약복용 (및 병력)	

상담정보					
1. 원인	유전성(　) 신경성(　) 스트레스성(　) 피부질환(　) 산후탈모(　) 대기오염(　) 호르몬 과대분비(　) 항암제 사용(　) 세척불량(　) 기타(　　　　　　　　)				
2. 고객 분석	두피상태	악지성(　) 지성(　) 정상(　) 건성(　) 악건성(　) 비듬(지성/건성)(　) 염증(　) 민감성(　)			
	모공상태	열림(　)	보통(　)	막힘(　)	심한더러움(　)
	두피 톤	전두부	투명(　)	홍반(　)	염증(　)
		측두부	투명(　)	홍반(　)	염증(　)
		후두부	투명(　)	홍반(　)	염증(　)
	모발상태	굵은모(　) 중간모(　) 가는모(　) 발수성모(　) 다공성(　) 직모(　) 파상모(　) 축모(　) 염색(　) 탈색(　) 버진모(　) 펌(웨이브/스트레이트)(　)			
	각질		전체(　) 부분(　) 특이(　)		

발생위치		
	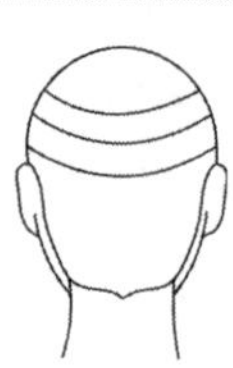	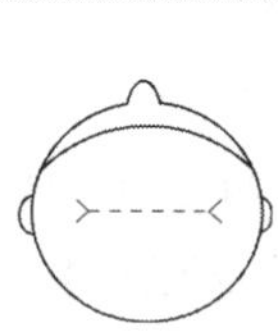

특이사항(처방)	
어드바이스 (홈케어)	

CHAPTER

11 참고 교재 - 모발관리학

모발은 포유동물에게만 존재하며 단단하게 밀착되어진 각화된 상피세포로 구성된 고형의 원추섬유이다. 모발의 발생은 태생 9~12주부터 시작되고 몸의 각 부위에 따라 생물학적, 형태학적으로 서로 다른 특징을 나타낸다. 모발의 굵기는 인종, 연령, 성별, 부위에 따라 차이가 있으며 머리모발은 대개 0.1mm 이다. 모발의 색은 멜라닌 색소를 많이 함유하고 있는 흑발과 멜라닌 색소 양에 따라 금발, 은발, 적발, 백발 등 다양하게 나타내고 있다.

모발은 햇빛 등 외부의 물리적·기계적·화학적 자극으로부터 피부를 보호하는 기능과 촉각이나 통각을 전달하는 지각기능 및 외모를 장식하는 미용적 효과를 제공한다.

1) 모발의 구성 성분

케라틴이 80~90%인 경단백질이 주성분이며, 케라틴은 18가지 아미노산으로 조성되어 있다. 아미노산에는 시스틴(cystin)이 14~18%로 다량 함유되어 있어 모발과 손톱을 태우면 시스틴이 분해되면서 유황화합물 특유의 냄새가 난다. 이 밖에 수분 10~14%, 지질 1~8%, 미네랄과 미량원소 0.6~1.0%, 멜라닌색소 3% 이하로 구성되어 있다.

2) 모발의 모양 및 형태

모발의 모양	모발의 형태
직모	동양인의 털
구상모	흑인의 곱슬머리 털
파상모	백인의 완만한 웨이브의 털
취모	부드럽고 섬세한 엷은 색의 털로 태아의 피부에 있는 털
연모(생모)	성인 피부의 대부분을 덮고 있는 섬세한 털
성모(경모)	굵은 성인의 머리카락, 눈썹, 속눈썹, 수염, 겨드랑이, 음부의 모발로 수질을 포함하고 있는 털
장모	긴 털로 머리카락, 수염, 음모, 겨드랑이 털
단모	짧은 털로 눈썹, 속눈썹

3) 모발의 구조

(1) 모근(Hair root)

피부표면에 노출되어 있지 않고 피부 속 모낭 안에 있으며 모낭, 모구, 모유두, 모모세포, 피지선, 입모근, 색소세포 등으로 이루어져 있다.

(2) 모간(Hair shaft)

모공을 통해 피부표면으로 나와 있는 부분이며, 횡단면을 보면 모수질(medulla), 모피질(cortex), 모소피(cuticle)의 3층으로 분류된다.

(3) 모낭(Hair follicle)

모발이 심어져 있는 부분으로 모근을 싸고 있으며 모발이 생성되어 모간으로 각화되는 과정에서 모근을 안내하는 역할을 한다.

(4) 모구(hair bulb)

전구 모양으로 모낭 아래의 둥근 부분으로 모근을 싸고 있으며 내부는 모질 세포와 멜라닌 세포로 구성되어 있다.

(5) 모유두(hair papilla)

털 성장에 관여하는 가장 중요한 부분으로 피하지방에 둘러싸여 보호받고 있으며 모구에 산소와 영양을 공급한다.

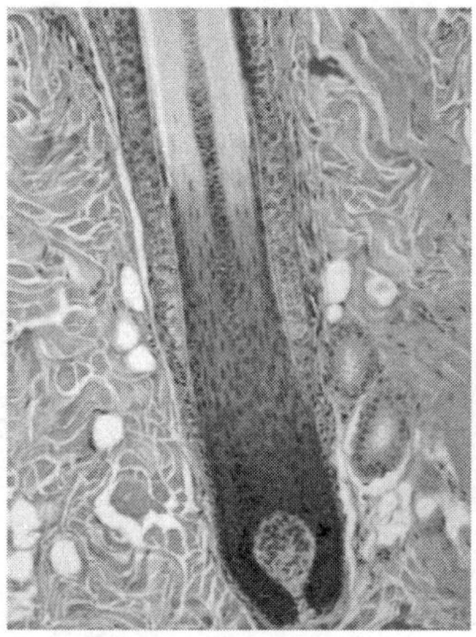

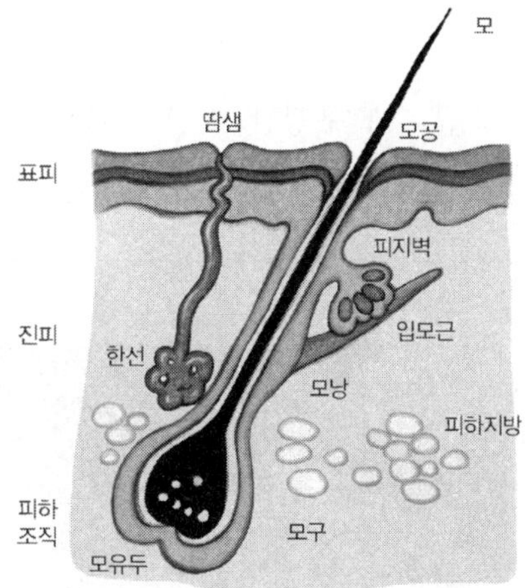

유두(hair papilla) 구조

모발의 구조

4) 모발의 단면

(1) 모소피(Cuticle)

모발의 가장 바깥 부분으로 모발의 끝을 향해 비늘 모양을 하고 있으며, 모피질을 보호하고 모표피 또는 큐티클 층(cuticle layer)이라 불려지고 있다. 모소피가 모발에서 차지하는 비율은 10～15%이며, 보통의 건강한 모발에서 6～8층으로 조밀하게 겹쳐져 있다. 마찰에 약하기 때문에 무리한 빗질이나 자극적인 샴푸에 의해 손상되기 쉽다.

(2) 모피질(Cortex)

큐티클의 안쪽 중간층에 위치하며 케라틴으로 된 피질세포가 모발의 길이 방향으로 비교적 규칙적으로 늘어선 세포집단이다. 모발의 85～90% 차지하고 있으며 모발의 색상을 결정하는 멜라닌 색소를 함유하고 있다. 모피질 세포는 타원형의 마크로피브릴(macrofibril)이라고 불리는 섬유상 성분이 다수 모여 구성하고 있으며, 이 섬유사이 사이를 채우고 있는 물질인 간충물질(intermacrofibrilla material)이 존재한다. 그러나 이러한 간충물질은 과도한 퍼머나 샴푸 등에 의해 유출되어 모발 손상을 가속화시키는 원인이 된다.

(3) 모수질(Medula)

모발의 중심부에 구멍난 벌집 형태의 세포가 축 방향으로 줄지어 있는 형태로 존재하는데 두꺼운 모발일수록 모수질이 있는 것이 많고 연모에는 모수질이 존재하지 않는다.

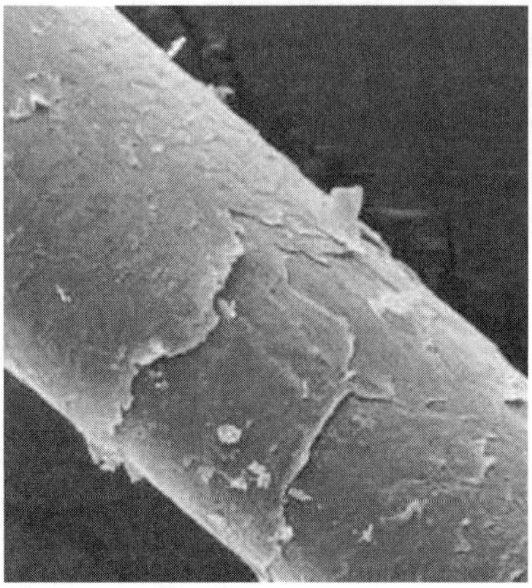

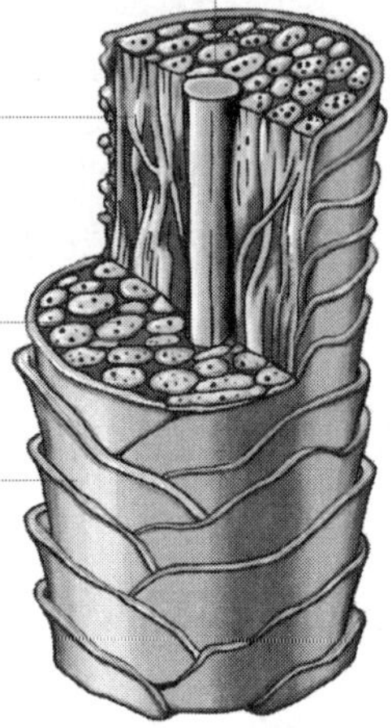

모소피(Cuticle)의 구조

5) 모발의 성장주기

모발은 일정 기간이 지나면 자연스레 빠지고 어느 정도 시기가 되면 다시 새로운 모발이 나오게 된다. 이것을 모발의 수명이라 하며 이 기간 동안 모발은 성장기, 퇴행기, 휴지기를 거치게 된다. 인간의 모발 생장은 주기적이고 정상인은 하루에 약 50~100개 정도의 모발이 탈락되고 새로운 모발이 성장한다. 하지만 각 모낭은 독립적으로 활동하기 때문에 동물과 같이 일시에 탈모하지는 않는다.

(1) 성장기(Anagen)

모유두의 혈관을 통해 영양분과 산소를 받고 모기질 세포가 활발하게 성장하여 세포가 분열, 증식이 왕성한 시기이다. 모발의 85~90%가 이 시기에 속한다.

모발성장기는 여성 4~6년, 남성 3~5년이며 눈썹은 3~5개월이다.

(2) 퇴행기(Catagen)

모근이 모유두로부터 분리되어 멀어짐으로서 모발의 성장을 정지하고 세포의 불완전 각화가 시작되는 시기이다. 약 2~4주간 지속되며 모발의 1~2%가 이 시기에 속한다.

(3) 휴지기(Telogen)

모낭이 차츰 줄어들면서 성장을 멈추고 모낭으로부터 떨어져 나가는 시기이다. 3~4개월 지속되고 이 단계의 후반기에는 모낭이 아래쪽으로 성장하기 시작하면서 재성장을 위한 새로운 성장기가 시작된다. 모발의 14~15%가 이 단계에 속한다.

(4) 발생기(New anagen stage)

모낭에 둘러싸인 모근부가 모유두와 결합함으로서 모모세포가 다시 분열하기 시작한다. 모발 발생기를 모발 성장기의 초기라 한다.

수행 내용/두피 관리하기

1) 재료 · 자료

◎ 피부유형별 두피화장품

◎ 두피용 브러쉬

◎ 두피 딥클렌징용 도구세트 기기(장비·공구)

◎ 피부 관리용 베드

◎ 피부 관리용 의자

◎ 웨건

◎ 두피 관리용 기기

2) 안전 · 유의사항

◎ 두피의 유형과 상태를 잘 파악하고 구별하여야 한다.

◎ 두피 유형에 맞는 제품을 선택하여 적용하여야 한다.

◎ 두피 관리 시 주의사항을 준수하여 고객을 관리하여야 한다.

평가기준표

과목 :

학번 :

이름 :

평가 준거

- 평가자는 학습자가 학습 목표 및 평가 항목에 제시되어 있는 내용을 성공적으로 수행하였는지를 평가해야 한다.
- 평가자는 다음 사항을 평가해야 한다.

학습내용	평가항목	성취수준		
두피관리하기	• 두피의 건강도를 측정할 수 있다.			
	• 두피 유형에 맞는 적절한 제품을 적용하여 관리할 수 있다.			
	• 도구나 기구를 이용하여 두피에 테크닉 할 수 있다.			
	• 고객의 두피를 위생적으로 관리할 수 있다.			

평가 방법

- 평가자 체크리스트

학습내용	평가항목	성취수준		
두피관리하기	• 관리사의 복장상태 적합성 여부			
	• 위생적 두피 관리 수행 여부			
	• 두피 유형별 특징에 따른 관리 수행 여부			
	• 두피 관리 시 주의사항에 대한 고객고지 여부			
	• 관리시 고객에 대한 배려 여부			

● 작업장 평가

학습내용	평가항목	성취수준		
두피관리하기	• 관리사의 복장상태 적합성 여부			
	• 위생적 두피 관리 수행 여부			
	• 두피 유형별 특징에 따른 관리 수행 여부			
	• 두피 관리 시 주의사항에 대한 고객고지 여부			
	• 관리시 고객에 대한 배려 여부			

● 평가자 질문

학습내용	평가항목	성취수준		
두피관리하기	• 건강한 두피의 이해 여부			
	• 두피 손상 원인의 이해 여부			

[피드백]

1. **평가자 체크리스트** : 단정한 용모로 고객을 배려하며 두피유형에 알맞은 위생적인 두피 관리를 수행하는지 여부를 평가 후 부족한 부분은 체크하여 설명하고 수정할 수 있도록 피드백 한다.
2. **작업장 평가** : 두피 관리 수행을 위한 준비상태와 고객배려를 통한 올바른 수행순서 및 수행 여부에 대해 평가한 후 부족한 부분은 체크하여 시연을 통해 설명하고 수정할 수 있도록 피드백 한다.
3. **평가자 질문** : 건강한 두피와 두피 손상의 원인에 대해 이해하고 있는지 평가 후 부족한 부분은 체크하여 설명하고 수정할 수 있도록 피드백 한다.

직무능력평가서 1차

담당교수		교과목명	두피케어
학 번		평가자	피부미용 특수관리 1201010205_14v2
이 름		능력단위명 (능력단위코드)	
평가일자			

영역 (능력단위 요소)	평가내용(수행준거)	평가구분		판정	
		과정평가	결과평가	Y	N
피부미용 특수관리 1201010205_14v2	8.1. 두피의 건강도를 측정할 수 있다.				
	8.2. 두피 유형에 맞는 적절한 제품을 적용하여 관리할 수 있다.				
	8.3. 도구나 기구를 이용하여 두피에 테크닉 할 수 있다.				
	8.4. 고객의 두피를 위생적으로 관리할 수 있다.				
소계	%	점			

영역 (능력단위 요소)	평가내용(K/S/A/T 포함 자율평가)	평가점수
합계	%	점

직무능력평가서 2차

<table>
<tr><td>담당교수</td><td></td><td>교과목명</td><td>두피케어</td></tr>
<tr><td>학 번</td><td></td><td>평가자</td><td>피부미용 특수관리
1201010205_14v2</td></tr>
<tr><td>이 름</td><td></td><td rowspan="2">능력단위명
(능력단위코드)</td><td></td></tr>
<tr><td>평가일자</td><td></td><td></td></tr>
</table>

<table>
<tr><td rowspan="2">영역
(능력단위 요소)</td><td rowspan="2">평가내용(수행준거)</td><td colspan="2">평가구분</td><td colspan="2">판정</td></tr>
<tr><td>과정평가</td><td>결과평가</td><td>Y</td><td>N</td></tr>
<tr><td rowspan="4">피부미용 특수관리1 201010205_14v2</td><td>8.1. 두피의 건강도를 측정할 수 있다.</td><td></td><td></td><td></td><td></td></tr>
<tr><td>8.2. 두피 유형에 맞는 적절한 제품을 적용하여 관리할 수 있다.</td><td></td><td></td><td></td><td></td></tr>
<tr><td>8.3. 도구나 기구를 이용하여 두피에 테크닉 할 수 있다.</td><td></td><td></td><td></td><td></td></tr>
<tr><td>8.4. 고객의 두피를 위생적으로 관리할 수 있다.</td><td></td><td></td><td></td><td></td></tr>
<tr><td>소계</td><td>%</td><td colspan="4">점</td></tr>
</table>

<table>
<tr><td>영역
(능력단위 요소)</td><td>평가내용(K/S/A/T 포함 자율평가)</td><td>평가점수</td></tr>
<tr><td></td><td></td><td></td></tr>
<tr><td></td><td></td><td></td></tr>
<tr><td></td><td></td><td></td></tr>
<tr><td>합계</td><td>%</td><td>점</td></tr>
</table>

직무능력평가서 (   )차

담당교수		교과목명	
학　번		평가자	
이　름		능력단위명 (능력단위코드)	
평가일자			

영역 (능력단위 요소)	평가내용(수행준거)	평가구분		판정	
		과정평가	결과평가	Y	N
소계	%	점			

영역 (능력단위 요소)	평가내용(K/S/A/T 포함 자율평가)	평가점수
합계	%	점

평가결과서

담당교수		교과목명	
학 번		평가자	
이 름			
평가일자		능력단위명 (능력단위코드)	

	구분	배점	점수	환산점수	비고
종합 평가 점수	출석평가				
	직무능력평가 1차				
	직무능력평가 2차				
	직무능력평가 3차				
	재평가 지침	–	–		향상교육 이후
	합 계	%			

성취수준 판정				
판정 결과	성취수준		성취결과	
종합 의견				

	성취수준	수행정도	평가점수(예시)
판정 기준	5	해당 지식과 기술을 확실하게 습득하여 직무수행에 필요한 기술적 사고력과 문제 해결력을 토대로 주도적으로 완벽한 작업을 수행할 수 있다.	90~100
	4	해당 지식과 기술을 습득하여 직무수행에 필요한 기술적 사고력과 문제 해결력을 토대로 작업을 수행할 수 있다.	80~90
	3	해당 지식과 기술을 대부분 습득하여 직무수행에 필요한 지식과 기술을 가지고 대부분의 작업을 수행할 수 있다.	70~79
	2	해당 지식과 기술을 부분적으로 습득하여 직무수행에 필요한 지식과 기술을 가지고 타인과 공동으로 작업을 수행할 수 있다.	60~69
	1	해당 지식과 기술을 습득하는데 부족함이 있어 타인의 도움을 받아야만 작업을 수행할 수 있다.	59 이하

평가내용

- 평가내용에 의하여 과정을 수행한다.

영역 (능력단위요소)	평가내용(수행준거)
피부미용 특수관리 1201010205_14v2	8.1. 두피의 건강도를 측정할 수 있다.
	8.2. 두피 유형에 맞는 적절한 제품을 적용하여 관리할 수 있다.

평가내용

- 평가내용에 의하여 과정을 수행한다.

영역 (능력단위요소)	평가내용(수행준거)
피부미용 특수관리 1201010205_14v2	8.3. 도구나 기구를 이용하여 두피에 테크닉 할 수 있다.
	8.4. 고객의 두피를 위생적으로 관리할 수 있다.

CHAPTER

13

향상/심화교육 계획서

교과목명				교수명	
학과명		학년-학기		분반	
관련직무명		능력단위명 (능력단위코드)			
일시		시간		장소	
과정					
운영 계획					
개요					
교육대상자					
교육 내용					
평가 방법					

참고문헌

피부미용학, 구민사, 김유정 외 4인

두피모발관리학, 구민사, 김주섭 외 5인

여주대학교 ncs센터 지침자료

저자약력

- **김유정**
  여주대학교 뷰티미용과 교수
- **김나영**
  여주대학교 뷰티미용과 교수

National Competency Standards **NCS**
http://www.ncs.go.kr

피 부 미 용 직 무 능 력 표 준 학 습 모 듈

기초 **두피케어** 실습서

초 판 인 쇄 | 2016년 6월 15일
초 판 발 행 | 2016년 6월 20일

저 자 | 김유정 · 김나영
발 행 인 | **조규백**
발 행 처 | 도서출판 **구민사**
(07301)
서울특별시 영등포구 문래로 187, 604(영등포동4가, 동서빌딩)
전 화 | (02) 701-7421(~2)
팩 스 | (02) 3273-9642
홈 페 이 지 | www.kuhminsa.co.kr
등 록 | 제14-29호(1980년 2월 4일)
I S B N | 979-11-5813-270-5 [13590]
값 | **12,000원**